Nizar Meksi
Med Farouk Mhenni

**Teinture du coton par l'indigo avec les hydrures de bore**

AF272970

Nizar Meksi
Med Farouk Mhenni

# Teinture du coton par l'indigo avec les hydrures de bore

Étude et mise point d'un nouveau procédé
propre de teinture

**Presses Académiques Francophones**

Cover image: www.ingimage.com

Publisher:
Presses Académiques Francophones
is a trademark of
Dodo Books Indian Ocean Ltd. and OmniScriptum S.R.L publishing group

120 High Road, East Finchley, London, N2 9ED, United Kingdom
Str. Armeneasca 28/1, office 1, Chisinau MD-2012, Republic of Moldova, Europe
Managing Directors: Ieva Konstantinova, Victoria Ursu
info@omniscriptum.com

Printed at: see last page
ISBN: 978-3-8416-3248-7

Zugl. / Agréé par: Monastir, Université de Monastir, 2009

# TABLE DES MATIÈRES

## *Chapitre I :*

## ETUDE BIBLIOGRAPHIQUE

**3- CONCLUSION**...........................................................**67**

**REFERENCES BIBLIOGRAPHIQUES**............................................**69**

# Chapitre II :

# MISE AU POINT DE LA REACTION DE REDUCTION DE L'INDIGO PAR LE BOROHYDRURE DE SODIUM & EVALUATION TINCTORIALE

## Chapitre III :


## ETUDE DE L'EFFET DE CERTAINS PARAMETRES EXPERIMENTAUX & EVALUATION TINCTORIALE

## *Chapitre IV :*


## ETUDE DE L'EFFET DE LA NATURE DU CATALYSEUR

## & EVALUATION TINCTORIALE

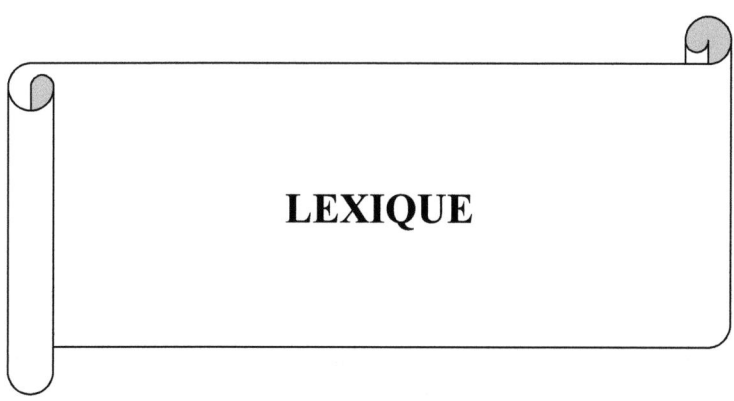

# LEXIQUE

# LEXIQUE

**Affinité** — Attraction, tendance de deux éléments ou de deux substances à s'unir ou se combiner, tels que les colorants avec les fibres.

**Armure (tissu)** — Mode d'entrecroisement des fils de chaîne et des fils de trame.

**Blanchiment (coton)** — Traitement qui permet d'éliminer la coloration naturelle beige du coton. Ce traitement est réalisé avec des oxydants comme l'eau oxygénée et l'eau de javel.

**Caustification** — Etape qui consiste à transformer dans un milieu basique une forme alcool ou énol insoluble ou peu soluble en respectivement une forme alcoolate ou énolate soluble.

**Colorant** — Produit fortement colorés qui peut être fixé sur un substrat de diverses façons. Une molécule de matière colorée contient au moins un groupe chromophore. Elle devient colorante par les groupes auxochromes qui intensifient la couleur.

**Colorants de cuve** — Colorants dont la molécule possède au moins deux groupements cétoniques séparés par un système conjugué. Ils sont insolubles dans l'eau et y deviennent solubles grâce à une réaction de réduction dans un milieu basique. Sous cette forme soluble, ils ont la propriété de teindre les fibres cellulosiques et notamment le coton. Après la teinture, il faut procéder à l'oxydation pour régénérer la forme insoluble du colorant, ce qui donne des teintures très solides.

**Colorants « grand teint »** — C'est une dénomination appliquée aux colorants de cuve. Un colorant « grand teint » est un colorant qui résiste bien à la lumière, à la sueur, à un lavage ménager à 100°C, à un chlorage léger.

**Débouillissage (coton)** — Traitement qui permet d'extraire les impuretés (graisses et cires) du coton. Ce traitement est généralement réalisé avec un détergent en milieu basique et à haute température.

**Denim** — Tissu en coton utilisé essentiellement dans la confection des articles de jeans.

**Epuisement total (bain de teinture)** — Consommation totale de la quantité de colorant dissoute dans le bain de teinture.

**Exprimage** — Action d'exprimer ou essorer un fil ou une étoffe textile.

**Fil de chaîne** — Fil formant le sens longitudinal d'un tissu.

**Fil de trame** — Fil formant le sens transversal d'un tissu.

**Forme leuco-indigo** — C'est le nom de la forme réduite ou la forme leuco-dérivée de l'indigo obtenue après une réduction chimique ou électrochimique sur ce colorant.

**Hydrophilie** — Se dit d'une substance ayant une forte affinité pour l'eau.

**Impression textile** — Une impression est une teinture partielle ou localisée, appliquée sur une des deux faces du tissu.

**Mercerisage (coton)** — Traitement qui est réalisé sur le coton afin d'améliorer ses propriétés mécaniques, son affinité tinctoriale et sa brillance. Ce traitement est effectué à température basse (5-18 °C) sous tension dans une solution concentrée de soude (270-300 g.l$^{-1}$).

**Numéro métrique (Nm)** — Longueur en kilomètres que l'on peut trouver dans 1 kg de fil.

**Procédé de teinture à la continue ou procédé continu** — Teinture dans laquelle les différentes opérations se font sans intervention manuelle, sans interruption du stade écru au stade fini.

**Procédé de teinture avec vaporisage** — Procédé de teinture à la continue dans lequel la matière textile entre dans une chambre de vapeur (vaporiseur) pour la fixation de colorant dans la matière textile et ceci juste après son passage dans le bain de teinture (foulardage).

**Procédé de teinture « 6 dip-6 nip »** — C'est un procédé appliqué à la teinture de coton avec l'indigo. Il consiste en une imprégnation de textile dans le bain contenant la forme leuco-indigo suivie d'une aération pour l'oxydation. Ce cycle imprégnation/aération doit être répété 6 fois de suite.

**Rapport de bain (RdB)** — Rapport entre le volume de bain (en litres) et la quantité de matière textile (en kg).

**Reflectance** — Grandeur égale au rapport du flux réfléchi au flux incident dans des conditions fixées.

**Rendement tinctorial maximal** — Consommation maximale de la quantité de colorant dissoute dans le bain de teinture. Cela se manifeste visuellement sur le tissu coloré par une nuance de teinture très foncée.

**Solidités de teinture** — Propriétés qui caractérisent les performances des tissus teints quand ils sont soumis aux différentes agressions physiques ou chimiques (lavage, lumière, sueur, chlore...).

**Teinture** — Ensemble d'opérations dont le but consiste à fixer un colorant naturel ou synthétique sur une matière textile (fibres, fils ou étoffes) par une réaction physique ou chimique.

**Teinture par foulardage** — Procédé de teinture dans lequel la solution de teinture est appliquée sur la matière textile au moyen d'un foulard (voir le bain de teinture suivant).

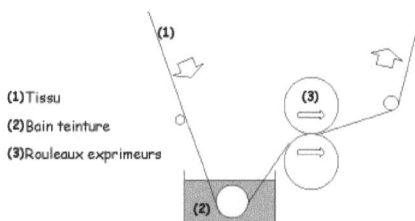

(1) Tissu
(2) Bain teinture
(3) Rouleaux exprimeurs

Foulardage à bain unique

**Tests des solidités** — Ensemble de tests normalisés dont les méthodes ont été choisies de manière à ce qu'elles soient simples, pratiques, reproductibles et qu'elles imitent le plus possible les conditions d'utilisation (cas des solidités d'usage comme par exemple les solidités à la lumière, aux lavages, au frottement, à la sueur, etc.) et les conditions de fabrication (cas des solidités de fabrication comme par exemple la solidité au postfixage, etc.).

Les solidités sont en général cotées de 1 à 5 (1/5 correspond à la plus faible solidité et 5/5 à la meilleure solidité). La seule exception à cette règle est la solidité à la lumière qui est cotée de 1 à 8.

**Titre d'un fil (titrage)** — Mesure relative à la finesse des fils. Deux catégories de systèmes sont employées :

- Le système de titrage direct qui est la masse de fil par unité de longueur.
- Le système de numérotage indirect qui est la longueur de fil par unité de masse.

**Unisson (teinture)** — Propriété qui caractérise l'homogénéité et l'uniformité d'une teinte.

# INTRODUCTION GENERALE

# INTRODUCTION GENERALE

Le jeans est un vêtement connu sans doute par sa longue et sa riche histoire. Il est porté dans le monde entier par toutes les classes d'âge et à travers toutes les catégories sociales. Ce vêtement reste toujours un produit très recherché sur le marché de la mode-habillement. C'est pourquoi, il continue à subir des évolutions et des innovations pour répondre aux attentes des consommateurs.

Par ailleurs, l'indigo est le principal colorant utilisé pour teindre les fils en coton destinés à la fabrication des articles de denim. Ce colorant appartient à la famille des colorants de cuve (des molécules possédant des groupements carbonyle séparés par un système conjugué). Les colorants de cuve sont essentiellement utilisés pour la teinture des fibres cellulosiques. Ils sont initialement insolubles dans l'eau et les divers procédés de teinture en milieu aqueux se font en quatre étapes :

☞ La première étape est la solubilisation du colorant en réduisant celui-ci et en le caustifiant. Cette étape est réalisée grâce à l'action d'un agent réducteur et d'une base (la soude caustique).

Indigo

Forme réduite de l'indigo
(Forme Biénolate)

☞ La deuxième étape est la teinture proprement dite de la matière textile avec la forme réduite (forme soluble) du colorant.

☞ La troisième étape consiste à fixer le colorant dans la fibre en le transformant sous sa forme oxydée via une réaction d'oxydation.

Forme réduite de l'indigo
(Forme Biénolate)

Indigo

☞ La dernière étape est le savonnage (utilisé pour tous les colorants de cuve sauf pour l'indigo) afin d'augmenter la solidité (fixation) du colorant dans la fibre et avoir la nuance finale de la teinture.

Habituellement, l'étape de la réduction se fait avec le dithionite de sodium (appelé aussi hydrosulfite de sodium) comme agent réducteur. Les procédés utilisant ce réducteur, bien qu'ils soient les plus rencontrés actuellement, présentent plusieurs inconvénients :

● Sur le plan écologique : Les rejets hydriques des unités de production mettant en oeuvre ces procédés, présentent des pH très élevés et contiennent une concentration importante en ions sulfates et sulfites. Ces ions sont difficiles à traiter et sont connus pour leur nuisance.

• Sur le plan technique : L'oxydation du dithionite de sodium au cours de stockage pourrait aller jusqu'à provoquer des combustions (problèmes d'incendie). De plus, le contrôle de la concentration des colorants de cuve dans les bains de teinture en procédé continu est une tache difficile (surréduction de colorant de cuve, virage et variation de la nuance de teinture). En outre, la présence du dithionite de sodium contribue à endommager les conduites et les pompes non protégées des machines compte tenu de la corrosion naissante.

• Sur le plan économique : Les quantités d'eau consommées pour la teinture sont très importantes. En effet, il est nécessaire que cette eau subisse un double traitement l'un à l'entrée de l'usine pour la rendre apte aux différentes opérations du circuit matière, l'autre à la sortie des ateliers afin de l'épurer avant de la renvoyer dans la nature ou dans les canaux de l'office national d'assainissement.

L'objectif de ce travail est d'explorer la possibilité de développer une technique alternative qui pourrait remplacer avantageusement les procédés classiques. Afin de réaliser cet objectif, notre étude a été menée essentiellement en essayant de trouver une réaction de réduction de l'indigo (colorant de cuve) qui pourrait remplacer la réaction classique de réduction de celui-ci par le dithionite de sodium décrite précédemment. La réduction de l'indigo par le dithionite de sodium se fait au niveau de la double liaison conjuguée avec les deux groupements carbonyle de l'indigo. Ainsi, notre étude bibliographique a été étendue à toute réaction de réduction des cétones $\alpha,\beta$ insaturées. Il nous est alors apparu que plusieurs autres types de réactions de réduction et de réactifs peuvent être employés :

o Réduction par l'acide formamidine sulfinique (dioxyde de thiourée) en milieu aqueux.

o Réduction par le borohydrure de sodium en milieu aqueux.

o Réduction par le formaldéhyde sulfoxylate en milieu aqueux.

o Réduction par les α-hydroxycarbonyles en milieu aqueux.

o Réduction par le pentacarbonyle de fer en milieu aqueux.

o Réduction par voie électrochimique.

o Réduction par les métaux alcalins dans l'ammoniac liquide.

o …..

Par ailleurs, les borohydrures sont des réducteurs fréquemment utilisés en synthèse organique, en papeterie et dans les procédés de génération d'hydrogène. L'emploi de ces réducteurs présente plusieurs avantages : facilité de stockage, stabilité en milieu alcalin, les composés générés après leur réduction ne sont pas toxiques et ont un effet minimal sur l'environnement, etc.

L'étude de la littérature nous a montré que l'emploi des borohydrures pour la réduction de l'indigo n'a pas été développé dans la littérature. Cette technique a été employée seulement pour la réduction d'un nombre restreint des colorants de cuve (autres que l'indigo), et cet emploi n'a jamais abouti à des applications industrielles concluantes. Pour cela, nous avons choisi d'explorer l'utilisation de ce réactif prometteur dans la réduction de l'indigo. Ce travail de recherche a été mené en collaboration avec la Société Industrielle des Textiles (SITEX - Ksar Hellal), une entreprise tunisienne spécialisée dans la production des articles de denim, connue par sa longue et riche expérience et réputée par sa grande tradition dans le domaine de la teinture des fils et des tissus en coton avec l'indigo et les colorants de cuve.

# ETUDE BIBLIOGRAPHIQUE

# ETUDE BIBLIOGRAPHIQUE

## 1- LA FIBRE DE COTON

### 1.1- GENERALITES

Signalée en Egypte 3000 ans avant J.C [1], la fibre de coton occupe une place importante dans le marché des fibres textiles, et sa production mondiale augmente d'année en année (*Figure.I.1*). La fibre est généralement unicellulaire, de 15 à 24 μm de diamètre et de 12 à 16 mm de longueur.

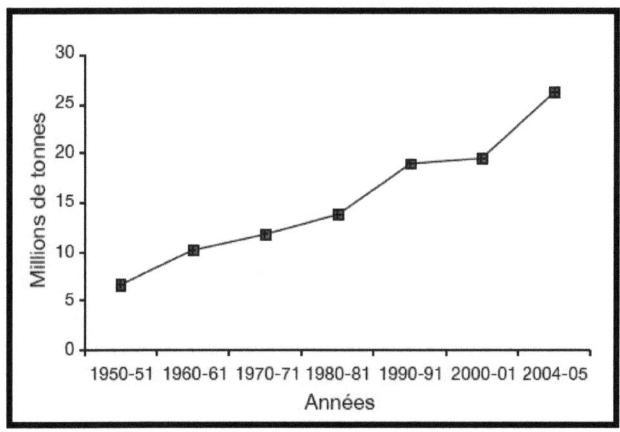

***Figure.I.1:*** *Evolution de production de la fibre de coton dans le monde – Evolvement of cotton world production (ICAC 2006) [3]*

La fibre de coton est un poil séminal qui recouvre la graine du fruit d'un arbuste : le cotonnier. Le cotonnier appelé «gossypium» en botanique, appartient à la famille des malvacées [2]. Il existe de nombreuses espèces de cotonniers, les uns herbacés souples et de petite taille (1 à 1,5 m), les autres ligneux mesurant de 5 à 6 m.

Le fruit est une capsule de la grosseur d'une noix. Il renferme 18 à 45 graines recouvertes de poils constituant les fibres de coton. Les variétés de cotonniers sont très nombreuses. Les conditions climatiques, géologiques et de culture influent sensiblement sur les caractéristiques du coton obtenu.

## 1.2- LA STRUCTURE DU COTON

### 1.2.1- LA MORPHOLOGIE DE LA FIBRE DE COTON

Les fibres de coton sont longues avec une structure fibrillaire. Si l'on observe une coupe transversale, on constate qu'elle a la forme d'un haricot. On peut mettre en évidence trois régions entourant un canal central appelé lumen. De la périphérie au centre, on observe successivement [4] (*Figure.I.2*) :

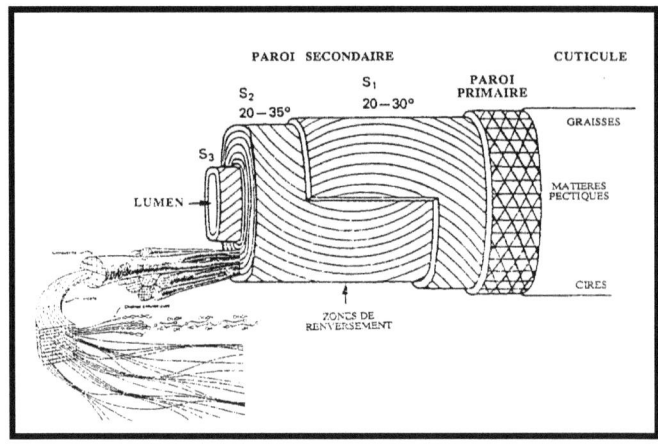

**Figure.I.2**: *Coupe schématique d'une fibre de coton [4]*

24

### 1.2.1.1- La cuticule

C'est un film très mince collé contre la paroi primaire. La cuticule est une zone protectrice. Elle a un caractère hydrophobe, car elle est formée par une structure huileuse. La cuticule protége la fibre contre les agressions atmosphériques et surtout contre les radiations ultraviolettes, température, humidité, poussières, etc.

### 1.2.1.2- La paroi primaire

C'est une couche mince d'une épaisseur de l'ordre de 0,1 μm (épaisseur de la fibre de 15 à 24 μm). Elle est constituée principalement de cellulose, qui est essentiellement non cristalline mais qui peut le devenir après destruction de la cuticule (après un traitement de débouillissage). Un examen au microscope électronique montre d'une part que les fibrilles extérieures de cette couche sont parallèles à l'axe de la fibre, et d'autre part que les fibrilles intérieures forment un réseau et sont presque perpendiculaires à l'axe de la fibre dans la zone intérieure de la paroi.

### 1.2.1.3- La paroi secondaire

C'est une couche de cellulose très épaisse ayant une structure plus cristalline en comparaison avec la paroi primaire. Elle est constituée par une superposition de 30 à 40 couches très minces de 0,1 à 0,3 μm d'épaisseur. Chacune est disposée en spirale par rapport à l'axe de la fibre. Une observation de la paroi secondaire fait apparaître un réseau de trois couches distinctes:

### 1.2.1.3.1- La couche S1

C'est la couche externe placée contre la paroi primaire. Elle est formée d'une structure de fibrilles très organisée.

### 1.2.1.3.2- La couche S2

C'est une zone moyenne ayant une épaisseur de plusieurs micromètres. Elle représente la majeure partie de la cellulose de la fibre : environ 99% de la masse de cellulose.

### 1.2.1.3.3- La couche S3

C'est une couche d'épaisseur voisine de celle de la couche S1. Les fibrilles qui constituent cette couche forment une spirale presque perpendiculaire à l'axe de la fibre.

### 1.2.1.3.4- La lumen

C'est un canal constitué d'une membrane plastique (formée de graisse, de pectine, et de reste de protoplasme) assurant l'alimentation de la fibre lors de sa croissance. Il s'étale sur toute la longueur d'une fibre avec des dimensions qui sont très variables selon la maturité de la fibre. Il disparaît complètement lors de traitements alcalins [5].

## 1.2.2- LA CELLULOSE

Les fibres de coton ont une structure fibrillaire composées à 95% de cellulose [6] et seulement 3% de substances glycoprotéiniques (*Tableau.I.1*). Elle sera étudiée et prise comme référence, compte tenu de sa pureté (99% de cellulose après lavage [6]).

| Constituants | Composition (en % de la matière sèche) |
|---|---|
| Cellulose | 88 à 96 |
| Protéines (%N 6,25) | 1,1 à 1,9 |
| Substances Pectiques | 0,7 à 1,23 |
| Cendres | 0,7 à 1,6 |
| Cires | 0,4 à 1 |
| Sucres Divers | 0,3 |
| Pigments | Traces |
| Autres | 1,4 |

*Tableau.I.1: Composition chimique du coton [7]*

C'est un polymère naturel qui a un rôle structural dans la grande majorité des parois végétales. Comme pour le bois, la cellulose est un constitutif majeur pour le coton et les autres fibres cellulosiques telles que : le lin, le chanvre, le jute, et la ramie. A ce titre, elle a toujours joué un rôle important dans la vie de l'homme sous forme de textile ou de papier.

C'était en 1838 que Payen [6] a suggéré que les parois cellulaires sont constituées en majorité d'une substance qu'il a appelé « la cellulose » faisant référence à son origine cellulaire (cellul) et à sa nature glucidique (ose). Il est intéressant de signaler que la cellulose est la macromolécule organique la plus abondante dans la nature. Elle est synthétisée sur la terre à chaque cycle photosynthétique. On estime la quantité de cellulose bio-synthétisée par les plantes terrestre entre 50 et 100 milliards de tonnes par année. Les sources de ce polymère sont donc pratiquement inépuisables.

### 1.2.2.1- La structure Moléculaire

Jusqu'en 1925-1927 que la cellulose était considérée par les chercheurs comme étant une substance colloïdale, formée d'agrégats de petites molécules. Le concept de macromolécule a été présenté en premier lieu par Staudinger [8] en 1920. Mais il n'a été fermement établi que vers l'année 1932 suite en partie aux progrès importants que la chimie des sucres avait connus au cours de la décennie 1920-1930 sous l'impulsion des chimistes anglais Haworth et Hirst [9]. Il faut signaler également que les données des physico-chimistes ont joué un rôle essentiel pour aboutir à ces résultats.

Par ailleurs, l'obtention après hydrolyse partielle des oligomères cristallins a été aussi une étape décisive dans l'évolution de nos connaissances sur la structure de la cellulose. Ainsi, les travaux de Freudenberg [10] dans les années 1930 sur le cellobiose et les termes supérieurs sont restés célèbres dans ce domaine.

On sait par analyse chimique que la cellulose se présente sous forme de macromolécules linéaires formées par l'enchaînement des motifs élémentaires β-glucose. Deux motifs β-glucose forment un motif β-cellobiose (**Figure.I.3**). Chaque motif glucose est tourné de 180° par rapport au motif précédent et au motif suivant.

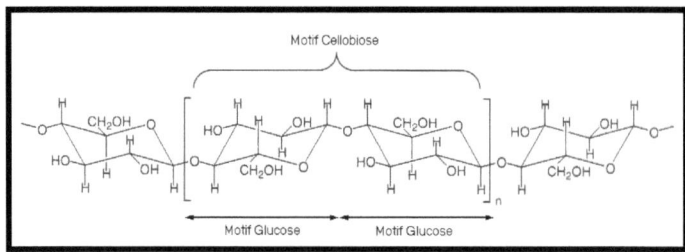

**Figure.I.3** : *Motif β-Cellobiose*

Grâce à la chromatographie en phase gazeuse, on a pu établir avec plus de rigueur que la macromolécule de cellulose, quelle que soit sa taille, est formée de maillons glucose à un taux de 95 à 98%. Cependant, on ne peut pas exclure complètement l'existence d'un très faible pourcentage de certains sucres du type arabinose ou xylose incorporés dans la chaîne cellulosique. Les motifs de ces sucres apparaissent à raison d'un motif tous les 600 motifs glucose environ.

Des études récentes [11-13] (cristallographique, IR, RMN) sur le cellobiose (n=2), le cellotriose (n=3) et des oligomères supérieurs constitués de 4, 5 ou même n maillons de glucose tous liés par une liaison glycosidique de type β ont permis d'établir avec plus de rigueur les distances interatomiques entre les groupes hydroxyles et l'atome d'oxygène tetrahydro-pyrannique ou celui de la liaison glycosidique adjacent (*Figure.I.4*).

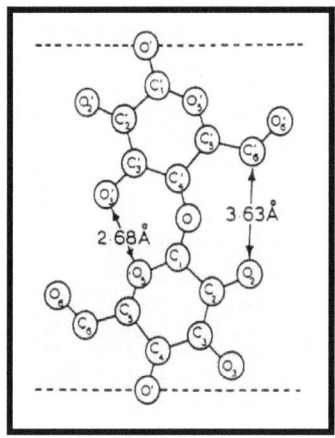

*Figure.I.4 : Structure spatiale d'une unité cellubiose selon Carlstrom [13]*

D'autres études plus récentes de diffraction des rayons X faites sur le cellobiose et des oligosaccharides [14] ont montré que la liaison glucosidique $C_1$-O-C'$_4$ (*Figure.I.4*) n'est pas plane. Par conséquent, la chaîne macromoléculaire de cellulose n'est pas strictement linéaire et des

29

liaisons hydrogène intermoléculaires peuvent s'établir entre $O_5$ et la fonction hydroxyle de deux maillons successifs de glucose (*Figure.I.4*). Ces ponts d'hydrogène permettent de stabiliser la forme en ruban de la très longue molécule de cellulose et d'avoir de bonnes propriétés mécaniques.

La structure cristalline du coton natif est celle de la cellulose I que l'on peut mettre en évidence par diffractomètre des rayons X. Elle a été établie par Meyer et Misch [15]. Il s'agit d'une structure tridimensionnelle, monoclinique dont la maille cristalline a les dimensions suivantes :

$a = 8,35$ Å ; $b = 10,28$ Å (axe de la fibre) ; $c = 7,9$ Å ; $\beta = 84°$

Les chaînes cellulosiques y sont disposées parallèlement les unes aux autres et la période de fibre $b$ correspond à la longueur d'un segment cellobiose.

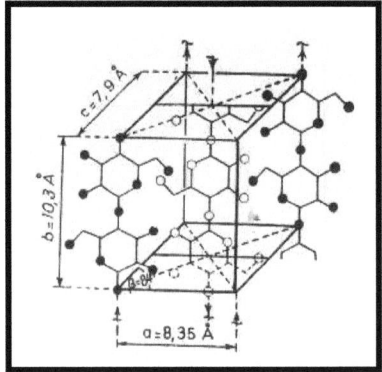

***Figure.I.5*** : *Maille cristalline de la cellulose*

*(d'après Mayer et Coll.) [16]*

### 1.2.2.2- Le degré de polymérisation et la cristallinité

Le degré de polymérisation moyen *(DP)* représente le nombre moyen de motifs dans la chaîne macromoléculaire cellulosique. Ce nombre n'est pas établi en toute certitude. En effet, il varie dans des larges proportions selon l'origine des fibres et la méthode de mesure. Selon Marx-Fingini et Schulz [17], la courbe de distribution du degré de polymérisation *(DP)* présente trois maximums pour 11500, 5500 et 1500.

Pour un coton écru (coton brut), le degré de polymérisation moyen *(DP)* varie entre 2500 et 3000. Ce degré diminue au fur et à mesure que le coton se dégrade. Il diminue à 1500-2000 et quelquefois beaucoup plus après les traitements courants de débouillissage et de blanchiment.

Il existe de nombreuses théories sur la structure supramoléculaire des fibrilles. Selon certaines de ces théories parmi lesquelles se trouvent les plus anciennes, il y a une nette distinction entre zones amorphes et zones cristallines, tandis que selon d'autres théories plus récentes, il y a des zones paracristallines ni complètement amorphes ni complètement cristallines [18].

Du point de vue global, la cellulose présente différents degrés d'ordre latéral dans les fibres de coton. On peut mesurer l'ordre latéral par différentes méthodes que l'on peut grouper en trois types [19]:

➢ Des méthodes dites physiques comme la diffraction des rayons X, la mesure de la densité et l'absorption des infrarouges.

➢ Des méthodes physico-chimiques telles que la sorption d'eau, ou d'iode ou d'hydroxyde de baryum.

➢ Des méthodes chimiques comme la deutération, l'hydrolyse acide, l'oxydation et la formylation.

Les deux dernières méthodes (physico-chimiques et chimiques) mesurent l'accessibilité qui est reliée à l'ordre latéral. Ces méthodes de mesure diverses entraînent l'obtention de valeurs relativement différentes.

Ainsi, pour le coton natif, on observe des valeurs de cristallinité situées entre 60 et 95%, selon l'origine de la fibre et surtout selon la méthode employée.

## 1.3- LES PROPRIETES DU COTON

### 1.3.1- LES PROPRIETES PHYSIQUES

| | |
|---|---|
| *- Densité* : | Environ 1,54 |
| *- Taux de reprise :* | 8,5% |
| *- Toucher :* | Doux et agréable |
| *- Action de la chaleur :* | Le coton jaunit vers 120°C et se décompose au-delà de 150°C. |
| *- Combustion :* | Le coton brûle rapidement avec une flamme. Cendre blanche. Odeur de papier brûlé. Continue à brûler hors de la flamme. |
| *- Ténacité à sec (g/Tex) :* | 25 à 40 g/tex |
| *- Ténacité au mouillé (g/Tex) :* | Elle augmente de 10 à 20%, car l'eau facilite l'ordonnancement des chaînes macromoléculaires en domaines cristallins. |
| *- Allongement à la rupture :* | 6 à 8% à sec et 7 à 10% au mouillé |
| *- Reprise élastique :* | 74 à 2% à sec, 45 à 5% au mouillé |
| *- Tenue à la lumière :* | Assez bonne. Jaunissement après une exposition prolongée. |
| *- Conductibilité thermique :* | La fibre est moyennement conductrice de la chaleur. |

### 1.3.2- LES PROPRIETES CHIMIQUES

#### 1.3.2.1- Action des acides

Les acides minéraux dilués attaquent la cellulose et provoquent la coupure hydrolytique de la chaîne cellulosique en formant des entités dont le degré de polymérisation est d'autant plus faible que l'action a été plus prolongée, la concentration en acide plus forte et la température plus élevée.

L'action prolongée des acides dilués, surtout à chaud, donne des produits appelés hydrocelluloses, colorables en bleu violacé par les solutions d'iode dans l'iodure de potassium ou chlorure de zinc. Les produits les plus dégradés portent le nom de cellodextrines ou d'amyloïde. Ils ne contiennent plus que quelques dizaines de motifs glucose et forment avec l'eau des gels ou même des solutions colloïdales.

Avec les acides minéraux concentrés et froids, la cellulose donne des combinaisons moléculaires d'addition appelées acide-celluloses et des esters cellulosiques. Ces produits servent à des applications techniques.

Par ailleurs, les acides organiques n'ont généralement qu'une très faible action sur le coton. L'acide acétique, à température ordinaire, transforme le coton en acétocellulose. Les esters cellulosiques organiques sont préparés en utilisant les anhydrides d'acide, en présence de l'acide comme diluant et d'un catalyseur $ZnCl_2$. C'est le cas pour les acétates de cellulose obtenus comme suit :

### 1.3.2.2- Action des bases

Les solutions alcalines diluées n'ont pas d'actions préjudiciables sur le coton, même à l'ébullition. Au contraire, elles solubilisent certaines impuretés accompagnant la cellulose comme la cire, d'où son emploi en débouillissage. Toutefois, son contact avec l'air lors d'un traitement alcalin, à température élevée (100°C) doit être évité afin d'empêcher toute formation d'oxy-cellulose. A chaud, les solutions alcalines diluées provoquent son brunissement.

A froid, les solutions concentrées de soude provoquent le gonflement très fort de la fibre et entraînent une formation d'alcali-cellulose (c'est un traitement utilisé en mercerisage) tandis qu'à chaud, elles détruisent rapidement la fibre en décomposant la cellulose. Des résultats semblables sont obtenus avec les solutions de potasse.

L'ammoniac liquide donne, avec la cellulose, le composé d'addition $(C_6H_{10}O_5.NH_3)_n$. Des composés d'addition similaires ont été identifiés avec d'autres bases comme les hydroxydes d'ammonium quaternaire, les hydroxydes de sulfonium et les hydroxydes de guanidinium.

Tous les produits d'addition avec les bases alcalines ou organiques ne sont stables qu'en présence des solutions ou des liquides organiques où ils ont pris naissance. Par lavage à l'eau ou par évaporation du liquide d'imprégnation, ils sont décomposés et donnent de la cellulose avec des modifications diverses de la maille cristalline [16].

### 1.3.2.3- Action des oxydants

L'action des oxydants sur le coton est assez complexe. A fortes concentrations, ils engendrent une dégradation rapide des fibres du coton, la cellulose étant transformée partiellement en oxy-cellulose. Le degré de polymérisation *(DP)* décroît rapidement et la résistance mécanique diminue. Cette dégradation dépend de la concentration, de la température et du pH de traitement.

A faibles concentrations, les oxydants détruisent les matières colorantes naturelles ou accidentelles du coton sans affecter sérieusement sa résistance. Ce traitement est employé pour le blanchiment et le détachage. Les produits les plus utilisés sont l'eau de javel ou l'hypochlorite de sodium (NaClO), l'eau oxygénée ou peroxyde d'hydrogène ($H_2O_2$), le peroxyde de sodium ou chlorite de sodium ($NaClO_2$), l'acide peracétique ($C_2H_4O_3$), etc.

### 1.3.2.4- Action des réducteurs

Le coton est pratiquement insensible à l'action des réducteurs. Cependant, les réducteurs permettent la destruction de la coloration naturelle du coton mais d'une façon moins efficace que celle des oxydants.

### 1.3.2.5- Action des solvants

Les solvants organiques sont sans action sur le coton. Cependant certains solvants peuvent gonfler et dissoudre la fibre, à savoir la liqueur de Schweitzer (oxyde de cuivre ammoniacal) qui agit à froid et la solution d'acide de chlorure de zinc (hydroxyde de zinc et acide chlorhydrique) qui agit à chaud.

### 1.3.3- LES PROPRIETES TINCTORIALES

La facilité de teindre et faire l'impression sur le coton donne une grande liberté au niveau du choix du type de colorant en fonction de la nuance et des solidités exigées.

Les groupements réactifs des colorants réactifs réagissent avec les fonctions alcools du coton pour former des liaisons chimiques assez solides. Les colorants directs se fixent sur le coton par liaisons attractives (des liaisons Van Der Walls et hydrogènes) moins solides que les autres. D'autres colorants comme les colorants de cuve et au soufre se fixent sur le coton par insolubilisation.

## 2- LA TEINTURE DU COTON

### 2.1- LE MECANISME DE LA TEINTURE

La teinture est l'opération qui consiste à donner à une fibre une couleur différente de sa couleur naturelle. La teinture est un processus physico-chimique durant lequel le colorant soluble ou solubilisé quitte la phase aqueuse pour se fixer d'une manière plus ou moins irréversible sur la fibre. La réalisation de la teinture passe par trois étapes principales :

#### 2.1.1- L'ADSORPTION

C'est une étape de contact entre la fibre et les molécules de colorant qui en se regroupant forment des agrégats déposés sur la surface de la fibre (*Figure.I.6*).

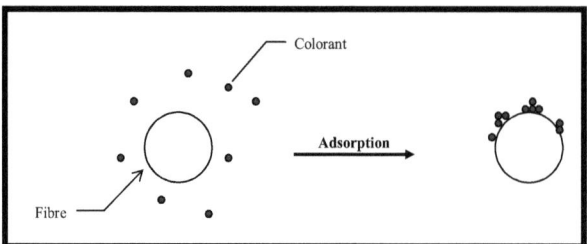

***Figure.I.6:*** *L'adsorption du colorant sur la fibre*

Le taux d'agrégation dépend de plusieurs facteurs : La masse et la forme physique de la molécule du colorant, les groupes fonctionnels du colorant, la concentration du colorant, la température et le taux d'électrolytes dans la solution.

#### 2.1.2- LA DIFFUSION

C'est la pénétration du colorant adsorbé à l'intérieur de la fibre (*Figure.I.7*). Cette phase a un effet direct sur la vitesse et la qualité de la teinture. Elle dépend de la masse moléculaire du colorant, la température et le caractère hydrophile de la fibre. Parallèlement à l'étape de la diffusion, la majorité des colorants possèdent une aptitude plus ou moins grande à migrer, c'est à dire à bouger à l'intérieur de la fibre. Ceci va influencer énormément l'uniformité de la teinture (l'unisson).

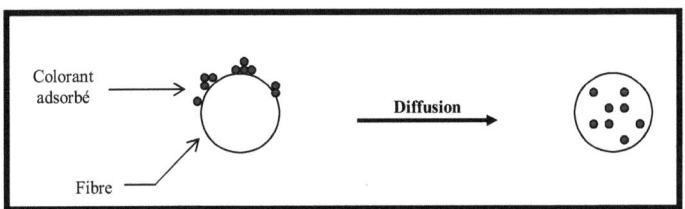

***Figure.I.7:*** *La diffusion des colorants dans la fibre*

### 2.1.3- LA FIXATION

Le colorant qui a migré et diffusé à l'intérieur de la fibre se fixe de façon plus ou moins irréversible. Cette fixation peut se faire de plusieurs manières :

☞ Fixation par réactions chimiques

☞ Fixation par précipitation

☞ Fixation par adsorption

☞ Fixation par dissolution

## 2.2- EVALUATION DE LA TEINTURE PAR LA COLORIMETRIE

### 2.2.1- DEFINITION DE LA COLORIMETRIE

La colorimétrie est la mesure des couleurs fondée sur un ensemble de conventions. Elle permet d'exprimer les couleurs sous forme de chiffres et d'établir des tolérances d'écarts de couleur. Cette description quantitative est nécessaire pour la reproduction de couleurs et pour l'application des colorants et des pigments.

## 2.2.2- LA PERCEPTION

Notre perception des objets enveloppe les aspects visuels : couleur, brillance, forme, texture, opacité, etc. La perception de la couleur se décompose en :

☞ Une cause qui est un rayonnement qui agit sur la rétine de l'oeil.

☞ Une interprétation par le système nerveux qui traduit une sensation de couleur.

La théorie de la couleur doit tenir compte de la physique du rayonnement et de la physiologie de la sensation colorée. La lumière perçue par l'œil humain est une radiation de longueur d'onde comprise entre 380 et 780 nm.

La lumière frappant l'objet à observer est modifiée par celui-ci, ce qui donne la sensation de couleur. Ainsi, tout corps peut absorber certaines radiations lumineuses et en réfléchir d'autres. Lorsqu'il réfléchit toutes les radiations reçues, il a la couleur blanche. Dans le cas où il absorbe toutes ces radiations, le corps est perçu comme noir.

## 2.2.3- LES BASES DE LA COLORIMETRIE

### 2.2.3.1- Les composantes trichromatiques spectrales

En 1931, la C.I.E. (Commission Internationale de l'Eclairage) a défini un œil de référence caractérisé par des courbes de sensibilité de l'œil au rouge (577 nm) au vert (540 nm) et au bleu (447 nm) représentées par les fonctions respectives, appelées composantes trichromatiques spectrales $X$, $Y$, $Z$ déterminées pour l'angle d'observation 2° [20].

En 1964, la C.I.E. a adopté un second observateur de référence sous l'angle de 10° qui représente plus fidèlement l'œil humain [20].

### 2.2.3.2- Les illuminants

La C.I.E. a également défini des conditions types d'éclairage. Les principales sources lumineuses ou illuminants retenues sont [21] :

☞ D65 : illuminant normalisé « lumière du jour » correspondant à l'émission du corps noir chauffé à 6500°K.

☞ C : illuminant ancienne « lumière de jour » avec peu d'émission dans l'ultraviolet, remplacée par l'illuminant D65.

☞ D75 : illuminant d'une nature plus bleue que D65.

☞ A : illuminant normalisé « lumière artificielle », lumière d'une lampe à incandescence.

☞ TL84 : illuminant normalisé : tube néon Philips mis sur le marché en 1984 (magasin Marks et Spencer).

☞ CWF : illuminant néon « bleu-vert ».

### 2.2.3.3- Description de la sensation de la couleur

La description scientifique de la sensation de la couleur fait appel à un espace de représentation en trois dimensions : la nuance, la clarté et la saturation [22].

#### 2.2.3.3.1- La nuance

La nuance (dite aussi teinte) est un terme qu'on utilise pour caractériser une couleur.

#### 2.2.3.3.2- La clarté

Elle est aussi appelée luminosité. Ce terme est utilisé pour séparer les couleurs en claire et en sombre indépendamment de la nuance.

*2.2.3.3.3- La saturation*

La saturation est définie comme étant la pureté de la couleur.

Ainsi, chaque couleur est caractérisée par trois grandeurs. L'ensemble des combinaisons possibles définit l'espace de représentation des couleurs.

### 2.2.4- L'ESPACE COLORIMETRIQUE CIELAB 1976

Cet espace a été établi en 1976 en reprenant tous les concepts déjà cités (*Figure.I.8*). La couleur est définie par les coordonnées cartésiennes $L*$, $a*$, et $b*$ ou par les coordonnées polaires $L*$, $C*$, et $h*$ [23-25].

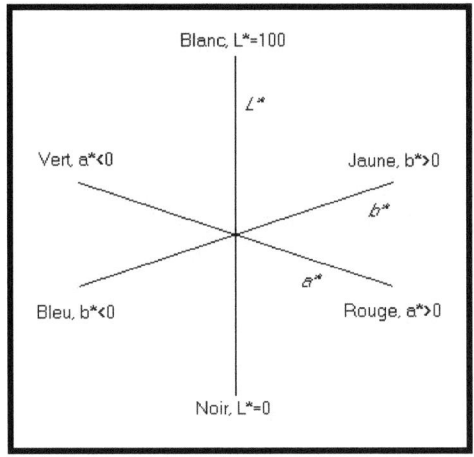

***Figure.I.8:*** *Espace CIELAB*

L'axe $a*$ ou l'axe rouge-vert représente les variations de la nuance du vert au rouge. Les valeurs sont négatives pour les verts et positives pour les rouges. Les valeurs de cet axe varient de -60 à +60.

40

L'axe $b^*$ ou l'axe jaune-bleu représente les variations de la nuance du bleu au jaune. Les valeurs sont négatives pour les bleus et positives pour les jaunes. Les valeurs de cet axe varient de -60 à +60.

L'axe $L^*$ appelé aussi axe de clarté. Il est perpendiculaire au plan chromatique et passe par le point de rencontre des axes $a^*$ et $b^*$. Les valeurs de $L^*$ varient de 0 pour le noir à 100 pour le blanc.

## 2.2.5- LES INSTRUMENTS DE LA MESURE DE LA COULEUR

Dans le secteur des textiles, il existe deux types d'appareillages pour la mesure de la couleur [26] :

### 2.2.5.1- *Les spectrocolorimètres*

Un spectrocolorimètre est un appareil qui mesure et analyse longueur d'onde par longueur d'onde. Il permet de fournir la courbe spectrale de l'échantillon analysé. Ce type d'appareil permet aussi de :

☞ Caractériser le phénomène de métamérisme (deux couleurs métamères sont deux couleurs qui donnent la même sensation colorée ou non en fonction du type d'illuminant).

☞ Classer les pièces de tissu par nuance coloristique : le lotissement.

☞ Prendre en compte ou non la brillance du tissu.

Les deux principales fonctions d'un spectrocolorimètre sont le contrôle de qualité et la reproduction de coloris.

### 2.2.5.2- *Les colorimètres*

Les colorimètres sont des appareils qui analysent la lumière à travers trois filtres colorés : rouge, vert et bleu. Ils possèdent aussi des détecteurs et une lampe filtrée. Ils permettent d'afficher les coordonnées cartésiennes $L^*$, *a\** et *b\**. Ce type d'appareillage est surtout utilisé en contrôle de qualité. Il a beaucoup d'avantages tels que la facilité d'utilisation et la réduction du temps de mesure. Cependant, le contrôle de qualité sous un seul illuminant ne permet pas seul de détecter le phénomène de métamérisme.

## 2.3- LES COLORANTS DE CUVE

### 2.3.1- LES PROPRIETES GENERALES DES COLORANTS DE CUVE

Les colorants de cuve se présentent sous forme de pigments insolubles dans l'eau, plus ou moins finement broyés. Ils sont utilisés pour la teinture des fibres cellulosiques. Ils représentent 24% du marché mondial des colorants (***Figure.I.9***).

Ces colorants sont très recherchés pour leur grande solidité aux épreuves humides. Leurs nuances sont vives et brillantes.

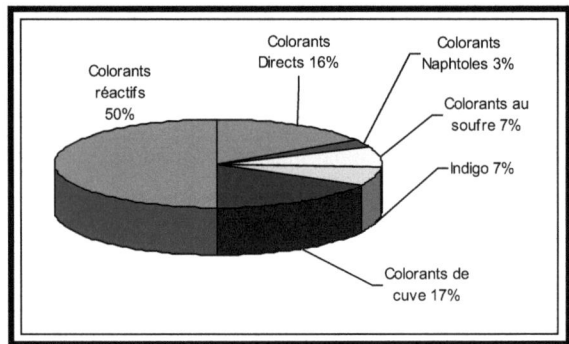

***Figure.I.9:*** *Parts de marché des différents colorants pour les fibres cellulosiques [27]*

Ils se caractérisent par la présence d'au moins deux groupes cétoniques liés avec le système conjugué. Pour les appliquer, il est

42

nécessaire de les transformer en leurs formes « leuco-dérivées » sodiques à l'aide d'un agent réducteur en milieu alcalin. Cette forme est douée d'affinité pour les fibres cellulosiques.

La réduction des colorants de cuve peut conduire à des entités variées, mais une seule a une importance technique considérable. C'est le leuco-dérivé obtenu par addition de deux atomes d'hydrogène sur une molécule de colorant. En présence d'un milieu alcalin, ce leuco-dérivé peut donner des sels sodiques lesquels présentent trois propriétés principales :

☞ Ils sont très solubles dans l'eau.

☞ Ils présentent une affinité pour les fibres cellulosiques.

☞ Ils peuvent se régénérer en leurs formes initiales de colorants de cuve insolubles suite à une oxydation.

Dans l'industrie, on utilise habituellement le dithionite appelé aussi l'hydrosulfite de sodium ($Na_2S_2O_4$) comme agent réducteur et l'alcalinité du milieu est obtenue par l'ajout de soude caustique. Cette alcalinité est nécessaire à la formation de sels de sodium de ces leuco-dérivés, car les leuco-dérivés acides sont peu ou non solubles dans l'eau.

Une fois le leuco-dérivé fixé dans la fibre, on effectue une oxydation qui régénère le colorant de cuve dans sa forme initiale insoluble dans l'eau. Ainsi, le colorant de cuve se trouve emprisonné dans la fibre. Par conséquent, on obtient une teinture très résistante au lavage. L'oxydation peut être effectuée selon l'une des méthodes suivantes :

☞ Oxydation à l'air

☞ Oxydation par rinçage à l'eau

☞ Oxydation au peroxyde d'hydrogène (Eau oxygénée)

☞ Oxydation au perborate de sodium

☞ Oxydation au chlorite de sodium en milieu d'acide acétique

☞ Oxydation au bichromate de potassium en milieu acide

☞ Oxydation au nitrite de sodium en milieu d'acide sulfurique

Le choix du mode d'oxydation dépend essentiellement du matériel utilisé, de la texture du tissu et surtout des types des colorants de cuve utilisés. Après la teinture en colorants de cuve, il est indispensable de procéder à un traitement de savonnage pour obtenir la nuance définitive et les solidités optimales.

## 2.3.2- CLASSIFICATION DES COLORANTS DE CUVE

### *2.3.2.1- Classification suivant la structure chimique*

De point de vue structure chimique, on peut distinguer trois catégories principales de colorants de cuve : dérivés de l'indigo et du thioindigo, dérivés de l'anthraquinone et dérivés polycycliques.

#### *2.3.2.1.1- Les dérivés de l'indigo et du thioindigo*

Cette catégorie regroupe les colorants ayant une taille relativement petite (*Figure.I.10*). Ainsi, leur affinité vis-à-vis des fibres cellulosiques est moins forte que celle des anthraquinones et des dérivés polycycliques. Notre étude sera essentiellement portée sur la réduction d'un exemple de colorants de cette catégorie qui est l'indigo. La description de ce colorant ainsi que ses caractéristiques seront présentées avec détails dans les pages 40-43.

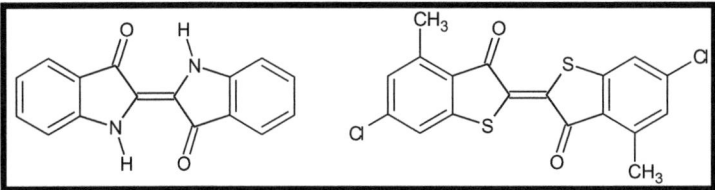

*Figure.I.10: Type des molécules de colorants de cuve dérivés*
*de l'indigo et du thioindigo*

2.3.2.1.2- Les dérivés d'anthraquinone

Dans cette classe on trouve les colorants ayant une grande taille (***Figure.I.11***). Ceci leur confère un grand pouvoir de fixation sur les fibres cellulosiques.

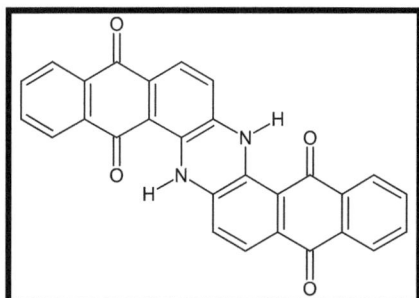

*Figure.I.11: Type des molécules de colorants*
*de cuve dérivés d'anthraquinone*

2.3.2.1.3- Les dérivés polycycliques

Dans les colorants de cuve, on a une troisième famille celle des dérivés polycycliques. La ***Figure.I.12*** illustre un exemple.

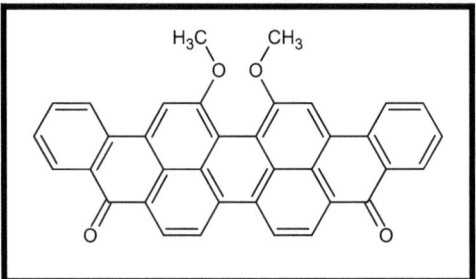

*Figure.I.12: Exemple d'une molécule de colorants*

*de cuve dérivés polycycliques*

### 2.3.2.2- Classification suivant les conditions de teinture

Les colorants de cuve sont répartis en trois groupes qui différent par les conditions de réduction et de teinture dans le bain des colorants sous formes réduites.

#### 2.3.2.2.1- Le groupe IN

Les molécules de ces colorants possèdent des tailles très grandes. Leurs leuco-dérivés sodiques ont une bonne affinité pour les fibres cellulosiques. Ainsi, on n'utilise pas d'électrolyte pendant la teinture. Ils diffusent à l'intérieur de la fibre lentement à cause de la grande taille de leurs molécules. La température de teinture est élevée, entre 50 et 60°C. Pour transformer les colorants en formes leuco-dérivées et les maintenir en solution, il faut utiliser une quantité élevée de soude caustique et du dithionite de sodium.

#### 2.3.2.2.2- Le groupe IW

Les colorants de cette classe ont une construction chimique différente. Les formes leuco-dérivés possèdent une affinité moyenne pour les fibres cellulosiques. Ils exigent donc une certaine quantité d'électrolyte pour améliorer leur taux d'épuisement. La teinture avec ces colorants se fait à une température comprise entre 45 et 50°C.

### 2.3.2.2.3- Le groupe IK

Les molécules des colorants de cette famille sont de petite taille. Leurs formes leuco-dérivés sodiques ont une affinité médiocre pour les fibres cellulosiques, mais ils diffusent vite à cause de leur petite taille. Pour augmenter l'affinité et améliorer l'épuisement du bain en colorant, on doit utiliser une quantité d'électrolyte élevée. La température de teinture est relativement basse et comprise entre 20 et 40°C.

### 2.3.2.2.4- Le groupe des colorants de cuve spéciaux

Ce sont des colorants de cuve de nuances noires. Ils nécessitent des procédures et des instructions très spécifiques pour leur application. La teinture avec ces colorants se fait à une température comprise entre 60 et 80°C.

### 2.3.3- LA REDUCTION DES COLORANTS DE CUVE

Comme nous l'avons signalé précédemment, les colorants de cuve sont des colorants insolubles dans l'eau. Pour pouvoir les utiliser en teinture, il faut transformer ces colorants en leur forme soluble. C'est la raison pour laquelle la teinture en colorant de cuve est effectuée en plusieurs étapes à savoir :

☞ Réduction du colorant de cuve en une forme réduite soluble dans l'eau.

☞ Teinture du coton proprement dite avec cette forme réduite soluble.

☞ Oxydation de la forme réduite pour régénérer la forme insoluble de colorant dans la fibre.

☞ Savonnage pour éliminer le colorant non fixé sur la fibre et avoir la nuance finale.

La réduction est l'étape clé pour réussir une teinture avec un colorant de cuve. Pour la réaliser, on a commencé dans l'antiquité par l'emploi de la fermentation [28,29] comme méthode traditionnelle pour la réduction lors de la teinture avec l'indigo : le plus ancien des colorants de cuve. Plus tard, de nouvelles méthodes [28,29] ont été utilisées telles que la réduction par le sulfate de fer et la réduction par la poudre de zinc. Depuis le début du siècle dernier, la réduction des colorants de cuve a été largement étudiée beaucoup d'intérêt et plusieurs méthodes ont été employées pour obtenir le leuco-dérivé soluble.

De façon générale, on peut classifier les méthodes de réduction des colorants de cuve en deux principales techniques :

☞ Réduction par voie chimique
☞ Réduction par voie électrochimique

### 2.3.3.1- La réduction par voie chimique

#### 2.3.3.1.1- La réduction par le dithionite de sodium (ou hydrosulfite)

C'est sans doute le réducteur le plus utilisé à l'échelle industrielle grâce surtout à son prix bon marché. Il permet de réduire les colorants de cuve en leurs formes leuco-dérivés qui sont solubles dans l'eau.

Néanmoins, l'utilisation du dithionite n'est pas complètement efficace. Il possède beaucoup d'inconvénients tels que son manque de stabilité. En effet, il n'est pas stable dans l'air et il réagit avec l'oxygène comme suit :

$$Na_2S_2O_4 \ + \ O_2 \ + \ 2\,NaOH \ \longrightarrow \ Na_2SO_3 \ + \ Na_2SO_4 \ + \ H_2O$$

Cette réaction entraîne une perte de la quantité de dithionite de sodium utilisée. Cette perte croit avec l'augmentation de la température et la concentration de l'agent réducteur [30]. Ainsi, pour avoir un bon rendement de réduction, il faut utiliser ce réducteur en excès [31].

Toutefois, plusieurs chercheurs ont essayé de résoudre ce problème d'instabilité du dithionite par l'ajout d'autres composés chimiques comme le nitrite de sodium ou un sel d'hydroxylamine qui permet d'une part de stabiliser le dithionite et d'autres part d'empêcher la surréduction du colorant lors de la teinture à haute température [32]. Van Lamoen et Basten [33] ont suggéré que l'addition d'un aldéhyde permet aussi de stabiliser le dithionite. Etters [34] quant à lui, a utilisé le 1-sulfoethanol de sodium ou le 2-furylsulfométhanol de sodium pour arriver à cet objectif.

La réaction ci-dessus révèle aussi deux autres inconvénients : tout d'abord la formation de sulfite et de sulfate de sodium qui peuvent endommager les conduites et les pompes non protégées des installations de teinture. Ils peuvent également poser énormément de problèmes pour leur dépollution lors du traitement des eaux résiduelles de la teinture. Le deuxième problème rencontré est l'emploi généralement d'un pH compris entre 12 et 14, car un pH inferieur pourrait engendrer la réoxydation de la forme leuco-dérivés du colorant de cuve. Ainsi, les eaux usées des bains de teinture qui doivent être évacuées possèdent un pH très élevé. Et, leur traitement nécessite beaucoup de consommation en eau et en acide pour leur neutralisation.

Par ailleurs, l'excès de dithionite doit être contrôlé car il peut provoquer une surréduction irréversible du colorant. Roessler [35] a montré que l'ajout de formaldéhyde et de glucose permet de résoudre ce problème surtout pendant la teinture à haute température. Il a aussi proposé d'ajouter un deuxième composé, un hémiacétal à base d'éthylène glycol permettant la stabilisation de leuco-dérivé et l'augmentation du taux de fixation de colorant sur la fibre. Shah [36] a suggéré l'emploi des antioxydants dans le bain de teinture pour avoir une bonne stabilisation des colorants de cuve réduits. Les antioxydants utilisés sont : l'acide gallique, le β-naphtol et l'hydroquinone. La dextrine a été également employée par Holland [37]. Elle permet selon lui une bonne stabilisation de leuco-dérivé du colorant de cuve dans le bain de teinture.

Afin d'augmenter la vitesse de réduction par le dithionite de sodium, la firme BASF [38] a proposé l'utilisation des diamines comme l'éthylène diamine, 1,3-propylenediamine, hexaméthylène diamine, or m-xylène diamine. Ces composés permettent d'avoir une teinture complète en seulement 10 min alors qu'en teinture conventionnelle, on obtient le même rendement dans 60 min.

D'autre part, Zakhozohaya et ses collaborateurs [39] se sont intéressés à déterminer des relations qui relient les différents paramètres expérimentaux dans les solutions de dithionite de sodium destinés à la teinture des fibres cellulosiques avec les colorants de cuve. Ils ont proposé trois formules qui déterminent respectivement la concentration de l'agent réducteur$(y_1,\%)$, le potentiel redox$(y_2,mV)$, et le pH$(y_3)$ en fonction de la température de la solution$(T,^{\circ}C)$, la concentration initiale de NaOH$(x_1,g.l^{-1})$, la concentration initiale de Na$_2$S$_2$O$_4(x_2,g.l^{-1})$, et le temps$(\tau,\min)$ :

$$y_1 = 113,3 - T - 1,24.x_1 - 1,14.x_2 - 0,13.\tau + 0,23.x_1.x_2 + 0,072.T.x_2$$
$$y_2 = -721 - 2,15.T + 1,8.x_1 - 11,5.x_2 + 0,07.\tau - 0,06.x_1.\tau + 0,04.x_2.\tau$$

$$y_3 = 12,65 - 0,02.T + 0,06.x_1 - 0,5.x_2 - 0,003.\tau + 0,05.x_1.x_2$$

Zakhozohaya [40] a aussi montré que la consommation en dithionite pendant la réduction des colorants de cuve dépend du nombre de groupes cétoniques, de la structure moléculaire et de la concentration du colorant.

D'autres chercheurs se sont penchés sur l'amélioration du taux de fixation du colorant dans la fibre. Pour ce faire, ils ont ajouté dans le bain de teinture des phénols, des polyamines, et des sulfites d'esters cycliques [41]. Ils ont constaté une augmentation de la quantité du colorant retenue dans la fibre. Une autre technique de teinture avec l'indigo a été récemment élaborée par Chavan et ses collaborateurs [42,43] qui a permis d'améliorer le taux de fixation du colorant dans la fibre et d'obtenir une bonne uniformité de la teinture (un bon unisson). Elle consiste à utiliser un alcali organique (non identifié) au lieu de la soude caustique. Selon ces chercheurs, lorsqu'on utilise une forte concentration de l'indigo, cette technique offre une bonne intensité de coloration avec seulement deux imprégnations de la matière dans le bain de teinture. Cependant, à faible concentration du colorant, les teintes obtenues ne sont pas résistantes aux traitements de frottement par rapport à la teinture faite avec 6 imprégnations.

### 2.3.3.1.2- La réduction par le dioxyde de thiourée

Le dioxyde de thiourée appelé aussi l'acide formamidine sulfinique ou l'acide aminoiminomethane sulfinique est un composé qui possède la formule chimique $CH_4N_2O_2S$. Il est soluble dans l'eau et se décompose lentement pour donner l'acide sulfoxylique qui a un effet réducteur. Cette réaction peut être accélérée soit en augmentant la température, soit en ajoutant un alcali, ce qui génère une solution réductrice très puissante. Le dioxyde de thiourée est un très bon réducteur qui est toujours qualifié comme la meilleure alternative du dithionite de sodium dans l'industrie textile pour plusieurs raisons. Tout d'abord, c'est un réducteur qu'on peut utiliser aussi bien pour la réduction des colorants de cuve que pour les colorants au soufre. Au contraire du dithionite qui est instable et qui pourrait réagir avec l'oxygène, le dioxyde de thiourée à l'état commercialisé ne possède aucun effet réducteur. Sa fonction réductrice ne se manifeste que dans un milieu alcalin ou en chauffant. Ainsi, il possède des bonnes propriétés de stockage.

Dans un milieu alcalin, le dioxyde de thiourée possède un degré de réduction très élevé, une bonne stabilité, une décomposition par l'oxygène de l'air non importante et un dégagement de mauvaises odeurs très faible. De plus, son emploi fournit des avantages écologiques [44] par rapport à l'emploi de dithionite, puisqu'il ne génère ni sulfate ni sulfite de sodium qui peuvent contaminer les eaux de rejet.

Pour ces raisons, ce réducteur a fait depuis longtemps l'objet de plusieurs recherches. Les premières études ont été faites par Mel'nikov et son équipe [45] quand ils ont essayé de remplacer le rongalite par le dioxyde de thiourée dans la teinture avec les colorants de cuve. Les colorants testés étaient : Vat Golden-Green ZhKhD, Vat Bright Green SD et Thioindigo Bright Orange KKhD. Ils ont constaté que l'utilisation de ce nouveau réducteur permettait une augmentation du taux de fixation du colorant sur la fibre de 100%. Les teintes obtenues étaient très vives et stables.

Belen'Kii [46] s'est intéressé à étudier les propriétés réductrices du dioxyde de thiourée. Il a remarqué que dans les solutions de pH neutre et à une température de 50°C, la concentration de dioxyde de thiourée diminue jusqu'à 83,5% de la concentration initiale en 250 min. Par contre, à 90°C elle est de 40% en 90 min seulement. Entre 50 et 90°C, le potentiel redox de ces solutions est -300 mV. Ce potentiel est insuffisant pour réduire les colorants de cuve. L'addition de la soude caustique permet de diminuer la valeur de ce potentiel jusqu'au niveau requis pour la réduction. Mais elle cause dans ce cas une diminution de la stabilité de ce réducteur. Selon ces chercheurs, le rapport optimal dioxyde de thiourée/soude qui correspond à une bonne stabilité de ce réducteur est 1/5-1/6. En utilisant ce rapport avec une quantité de réducteur comprise entre 2 et 4 g.l$^{-1}$, le dioxyde de thiourée serait suffisamment stable à 90°C et pourrait être utilisé dans la teinture des colorants de cuve.

L'effet de la température sur la réaction de réduction des colorants de cuve par le dioxyde de thiourée a été aussi examiné par Mel'nikov [47]. Il a observé que le taux de réduction augmente parallèlement avec l'augmentation de la température. En effet, pour la réduction du colorant Golden-Yellow ZhKhD, l'équilibre est atteint à 20°C dans 8 min alors qu'à 100°C, il est atteint en 0,17 secondes seulement.

Parmi les premiers brevets qui traitent l'utilisation de dioxyde thiourée comme agent réducteur pour les colorants de cuve, on trouve celui de Lubs [48] publié en 1939, Jones [49] en 1970 et Kingasa [50] en 1974. En 1980, Sato a publié un ensemble des brevets [51] qui concernent l'utilisation de certains produits auxiliaires pour la réduction des colorants de cuve par le dioxyde de thiourée, et ceci afin d'améliorer l'uniformité (l'unisson) des teintes obtenues. Parmi ces produits, nous citons le dichloroacétone, l'hydroxyacétone, le monoxime de biacétyle, l'acide muconique, le thioglycolate et le glualdehyde.

*2.3.3.1.3- La réduction par d'autres types de réducteurs*

La littérature révèle d'autres méthodes pour la réduction des colorants de cuve par voie chimique. Ces méthodes consistent à utiliser des agents réducteurs qui ne possèdent pas des potentiels redox très élevés, en mélange avec d'autres réducteurs usuels. Ceci permet surtout de stabiliser le bain de teinture à haute température. Exemple de réducteurs utilisés: le Rongalite C appelé aussi le formaldéhyde sulfoxylate dont la formule chimique est : $NaHSO_2-CH_2O.2H_2O$. Il possède un potentiel redox très inférieur à celui de dithionite de sodium [52]. Il est utilisé souvent en mélange avec d'autres réducteurs comme le dithionite. Le glucose ($C_6H_{12}O_5$) possède un potentiel redox plus élevé que le rongalite C [53]. A l'instar du rongalite C, le glucose a été aussi employé en mélange avec d'autres réducteurs. D'ailleurs, des études récentes faites par Ibidapo [52] ont montré que ce réducteur pourrait remplacer le dithionite de sodium pour la teinture de certains colorants de cuve (exception de l'indigo) qui sont faciles à être réduits (leurs potentiels redox sont assez petits, aux alentours de -700 mV). De plus, le glucose offre plusieurs avantages écologiques et économiques grâce à sa biodégradabilité, sa non toxicité et son prix peu élevé.

Par ailleurs, d'autres nouveaux réducteurs ont été testés par les chercheurs comme celui à base d'hydrazine borane [53]. Ce composé synthétisé par Fleming est selon lui stable vis-à-vis de l'oxygène et ne cause pas une surréduction irréversible des colorants de cuve. Des brevets ont été aussi publiés par des firmes telles que BASF [54] concernant l'utilisation des réducteurs à base de sels de dérivés d'acides sulfiniques. Cependant, lorsque ces composés sont utilisés seuls dans le bain, ils réagissent très lentement, et par suite leur activité réductrice n'est pas complètement efficace. Chavan et son équipe [31] se sont intéressés à améliorer une méthode déjà existante dite « méthode de copperas » qui consiste à utiliser les sels de fer comme réducteurs en présence d'hydroxyde de calcium [55,56]. Cette méthode possède une limite très connue : le composé formé à savoir l'hydroxyde de fer II, $Fe(OH)_2$ qui est le responsable de la réaction de réduction du colorant de cuve, est peu soluble dans l'eau. Par conséquent, son effet réducteur n'est pas très efficace. Chavan et ses collaborateurs [31] ont montré que l'ajout d'un ligand comme l'acide tartrique, citrique ou gluconique à la réaction de sulfate de fer avec la soude caustique permet d'augmenter le potentiel redox de $Fe(OH)_2$. Ces acides permettent de former des complexes avec le fer qui augmentent la solubilité de $Fe(OH)_2$ et par conséquent son activité réductrice. Les teintes obtenues avec l'indigo en utilisant cette méthode sont très proches de celles obtenues avec le dithionite de sodium.

Un deuxième sel de fer à savoir le pentacarbonyle de fer a été aussi employé [57]. Cependant, les détails concernant ce système ne sont pas disponibles. D'autre part, l'aluminium a été aussi employé comme agent réducteur pour la réduction des colorants de cuve. Un brevet a été publié par Carver [58] traitant ce sujet.

Récemment, les chercheurs ont orienté leurs études vers des réducteurs plus écologiques. Les hydroxyacétones sont des nouveaux réducteurs organiques fréquemment cités actuellement [59,60] puisqu'ils sont biodégradables et permettent d'obtenir un taux de fixation de l'indigo sur la fibre 20% plus élevé qu'avec la réduction conventionnelle faite avec le dithionite de sodium. En outre, ils offrent un minimum de consommation des produits auxiliaires dans le bain de teinture.

Karelle et Grandjean [61] se sont intéressés à un autre aspect écologique. Ils ont montré qu'il est possible de faire la réduction des colorants de cuve dans un solvant recyclable qui est l'ammoniac liquide en utilisant comme agent réducteur les métaux alcalins. Outre les avantages écologiques, cette méthode offre un taux de fixation exceptionnel du colorant de cuve sur la fibre.

### *2.3.3.2- La réduction par voie électrochimique*

L'évolution de la législation en matière d'environnement et en particulier dans le domaine de l'eau impose de plus en plus des contraintes sévères pour les rejets hydriques industriels. Ceci a incité les chercheurs dans le secteur de l'ennoblissement textile à trouver des techniques plus écologiques pour la réduction et la teinture avec les colorants de cuve. Ainsi, la technique électrochimique parait être une voie prometteuse qui permet de réduire la consommation des réactifs au maximum.

Nous distinguons deux types de réduction des colorants de cuve par voie électrochimique l'une est directe et l'autre qui est indirecte.

### *2.3.3.2.1- La réduction par voie électrochimique directe*

Les agents réducteurs chimiques sont ajoutés dans le bain de teinture afin de réduire les molécules des colorants de cuve. L'opération de réduction consiste en fait en un simple transfert d'un électron à la molécule colorante. Or, la caractéristique commune avec la réduction électrochimique d'un colorant est également un transfert d'électrons de l'électrode (cathode) au colorant. Dans plusieurs cas, ce transfert peut être atteint simplement par le transport de l'électron de la cathode vers le colorant. Dans ce cas, on parle d'une réduction électrochimique directe. Ainsi, la molécule du colorant de cuve reçoit deux électrons de la cathode, ce qui permet de la réduire et de la faire passer de l'état insoluble à l'état leuco-dérivé soluble (*Figure.I.13*) :

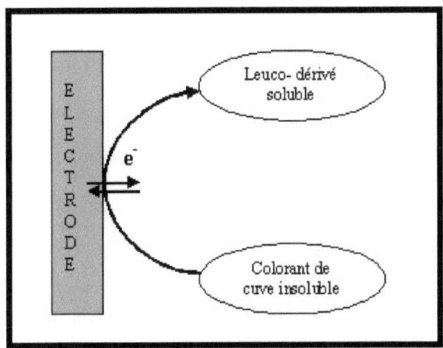

**Figure.I.13:** *Mécanisme de la réduction électrochimique directe des colorants de cuve*

Parmi les premiers travaux correspondant à la réduction des colorants de cuve par voie électrochimique directe, nous citons ceux réalisés par Dierker et Wansleben en 1953 [62]. Etudiant la réduction de 50 types de colorants de cuve par voie électrochimiques en l'absence de dithionite de sodium, ils ont constaté que 12 seulement parmi ces colorants sont facilement réduits par cette technique. Les autres colorants ont exigé une longue durée pour être réduits alors que certains ne l'ont jamais été. Ils ont aussi remarqué que le coton teint avec les colorants réduits en utilisant la technique électrochimique direct possède les mêmes nuances de teinture que celui teint avec les mêmes colorants de cuve mais réduits par le dithionite de sodium. Ces premiers essais ont montré que cette méthode de réduction n'est pas très efficace puisqu'elle n'était pas applicable à tous les colorants de cuve étudiés. Plus tard, une autre étude a confirmé que dans les conditions réelles du bain de teinture, cette méthode n'est pas faisable du point de vue technique [63].

La réduction de l'indigo par voie électrochimique directe a été aussi étudiée [64]. Les résultats obtenus indiquent qu'il est possible de réduire ce colorant à l'état solide microcristal immobilisé sur la surface des électrodes dans une solution tampon. Ces résultats sont similaires à d'autres obtenus pour l'indigo dissout dans des solvants [65,66]. Cependant, si l'indigo n'est pas immobilisé mais se trouve en suspension dans le milieu aqueux, il manifeste un comportement différent et il ne peut pas être réduit avec la technique électrochimique dans ces conditions. Récemment, Dossenbach et ses collaborateurs [67] ont étudié la réduction de l'indigo sur une cathode d'un lit fixe composé de granulés de graphite. Cette réduction a été étudiée par spectrophotométrie. Les résultats trouvés concernant surtout l'aspect cinétique ont montré qu'il est possible de produire la forme leuco-dérivée soluble à l'aide de cette méthode. Ceci pourrait être très bénéfique du point de vue écologique. Les résultats obtenus sont donc encourageants et peuvent ouvrir plusieurs perspectives pour le développement de cette méthode dans l'avenir.

Par ailleurs, une autre nouvelle voie prometteuse de la réduction électrochimique directe de l'indigo a été aussi développée par l'équipe de Dossenbach [64,68-70]. Le processus de cette méthode est basé sur un mécanisme réactionnel dans lequel un radical anion est formé entre la molécule du colorant et sa forme leuco-dérivée suivie d'une réduction ultérieure électrochimique de ce radical (*Figure.I.14*).

L'existence de ce radical a été prouvée par spectrométrie RPE (La résonance paramagnétique électronique) [70-72]. Pour commencer cette réduction, une quantité initiale de la forme réduite du colorant doit être générée par la réduction conventionnelle. Par exemple, on doit ajouter une faible quantité d'un agent réducteur soluble. Une fois le mécanisme est déclenché, la réduction du colorant se fait selon cette méthode électrochimique sans besoin de cet agent réducteur.

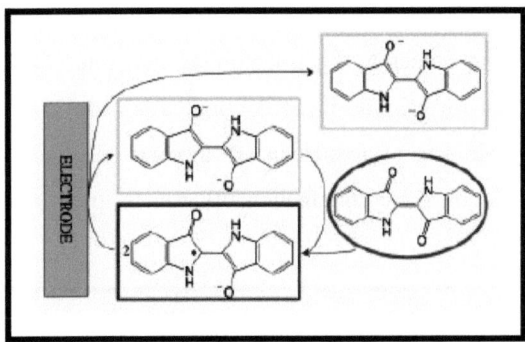

**Figure.1.14:** *Mécanisme de la réduction électrochimique directe de l'indigo développé par Dossenbach et col. [70]*

### 2.3.3.2.2- La réduction par voie électrochimique indirecte

Compte tenu des difficultés liées à l'étude de la méthode électrochimique directe et surtout à son application à l'échelle industrielle, les chercheurs ont orienté leurs études vers la voie électrochimique indirecte. La voie électrochimique indirecte est plus facile à appliquer et offre beaucoup plus d'avantages. C'est pourquoi, elle a attiré beaucoup d'attentions ces dernières décennies. La réduction des colorant de cuve par voie électrochimique indirecte pourrait être réalisée de deux manières, soit en utilisant un médiateur, soit par électrohydrogénation catalytique.

#### 2.3.3.2.2.1- La réduction à l'aide d'un médiateur

C'est la méthode électrochimique la plus développée actuellement grâce surtout aux travaux de Bechtold et son équipe [63,73,74]. On trouve même des prototypes de systèmes fonctionnant suivant cette méthode conçus et élaborés par cette équipe de recherche [75].

Au contraire de la méthode électrochimique directe où le transfert de l'électron de la cathode à la molécule colorante se fait directement et où il est nécessaire de mettre en oeuvre un système redox réversible, on parle dans ce cas d'une réduction électrochimique indirecte (*Figure.I.15*). Ce système redox est régénéré de façon continue à la cathode de sorte que le renouvellement de l'agent réducteur est toujours achevé. Il permet de réguler le potentiel d'oxydoréduction. Il est le plus souvent appelé « médiateur » [76].

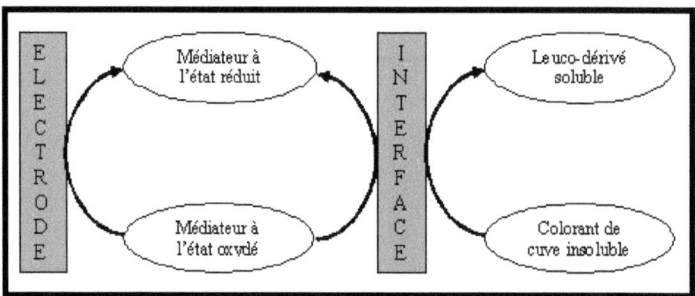

***Figure.I.15:*** *Mécanisme de la réduction électrochimique indirecte des colorants de cuve en utilisant un médiateur [76]*

Plusieurs médiateurs ont été testés, par exemple des sels de fer avec le triéthanolamine sont utilisés comme ligand [77]. Selon Bechtold et ses collaborateurs, un médiateur doit remplir certaines conditions pour qu'il soit utilisé dans le bain de teinture [63] :

☞ Un potentiel redox suffisant.

☞ Une stabilité de la réduction dans le bain de teinture.

☞ Des résultats tinctoriaux reproductibles.

☞ Des résultats tinctoriaux similaires par rapport à ceux obtenus avec les méthodes conventionnelles.

☞ Des concentrations très faibles de produits chimiques utilisés.

☞ Des eaux de rejet très simples à traiter.

☞ Un recyclage des produits chimiques et des eaux de rejet.

Malgré ses avantages [78] tels qu'un meilleur contrôle de la réduction des colorants, cette méthode coûte très cher et du point de vue dépollution, elle n'est pas complètement efficace [70].

### 2.3.3.2.2.2- La réduction par électrohydrogénation catalytique

L'hydrogénation est technique qui permet de réduire l'indigo [79,80] en utilisant le nickel de Raney comme catalyseur sous barbotage d'hydrogène selon la réaction suivante (*Figure.I.16*) :

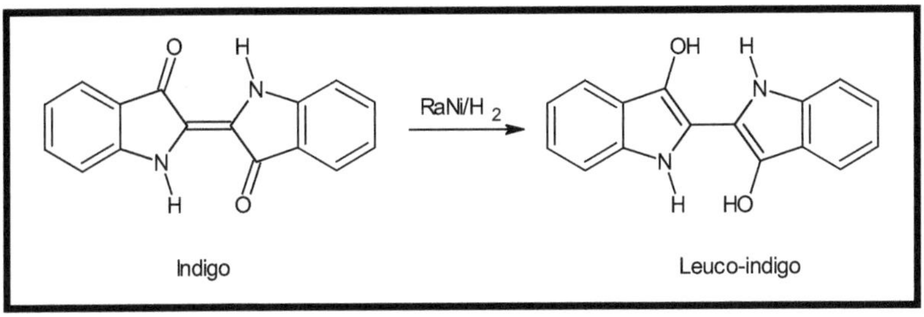

Indigo                                      Leuco-indigo

**Figure.I.16:** *Hydrogénation catalytique de l'indigo*

Cependant, l'application industrielle de cette méthode n'était pas possible à cause du grand risque d'explosion et d'incendie. Récemment, Dossenbach et ses collaborateurs [81,82] ont montré qu'il est possible d'appliquer cette technique par voie électrochimique sans avoir aucun souci.

La technique se compose de deux étapes (*Figure.I.17*). Elle consiste tout d'abord à produire l'hydrogène adsorbé par réduction électrochimique de l'eau. Ensuite, cet hydrogène va réduire la molécule du colorant de cuve (exemple l'indigo) par hydrogénation catalytique.

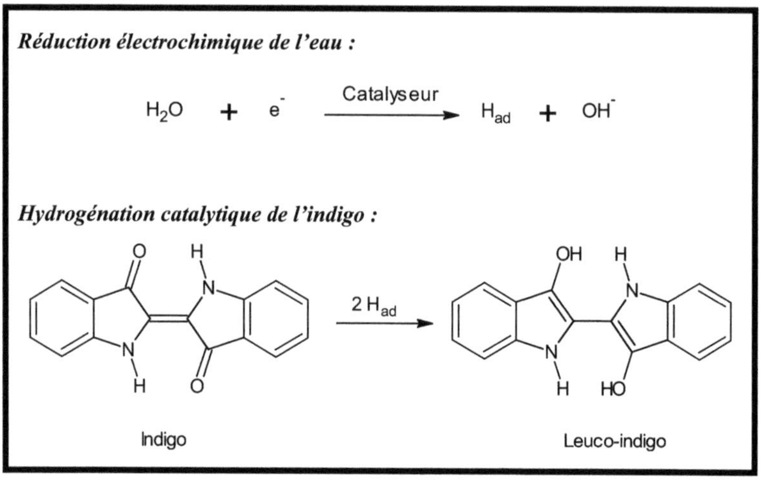

**Réduction électrochimique de l'eau :**

$$H_2O \ + \ e^- \xrightarrow{\text{Catalyseur}} H_{ad} \ + \ OH^-$$

**Hydrogénation catalytique de l'indigo :**

Indigo $\xrightarrow{2\,H_{ad}}$ Leuco-indigo

**Figure.I.17:** *Mécanisme de l'électrohydrogénation catalytique de l'indigo [76]*

Le catalyseur, par exemple le nickel de Raney ou le noir de platinium peut jouer un double rôle dans ce processus : un rôle de matériau pour l'électrode afin de générer l'hydrogène adsorbé et comme catalyseur pour la réaction d'hydrogénation. Cette méthode offre beaucoup d'avantages : la suppression de l'agent réducteur, la possibilité d'opérer avec cette méthode aux températures et aux pressions ambiantes sans recours ni à la compression ni au transport ni au stockage d'hydrogène. Un prototype a été même élaboré par Dossenbach et son équipe et des résultats encourageants ont été obtenus [83].

## 2.4- LA TEINTURE A L'INDIGO

### 2.4.1- INTRODUCTION

L'emploi de l'indigo dans la teinture des textiles remonte à la plus haute antiquité. En fait, il est considéré comme étant le premier colorant naturel bleu qui a été découvert par l'homme afin d'élargir sa collection de nuances. L'indigo fait partie de la famille des légumineuses dont l'indigotier (*Figure.I.18*) est le plus important. Il existe également dans un nombre de plantes qui appartiennent à des familles variées, des glucosides susceptibles de fournir de l'indigo par des traitements appropriés.

*Figure.I.18:* L'indigotier (Indigofera)

De nos jours, on n'utilise presque plus l'indigo naturel. En effet, la découverte de la formule de l'indigo par Baeyer en 1883 [84] a fait naitre une industrie de haute technologie pour la synthèse de l'indigo artificiel.

### 2.4.2- LA STRUCTURE MOLECULAIRE DE L'INDIGO

#### 2.4.2.1- *Synthèse de l'indigo*

La configuration exacte de l'indigo a été déterminée en 1926 par Posner [85] à l'aide de la technique des rayons X. La première synthèse a été réalisée en 1890 par Heumann [86]. Cette technique consiste à faire réagir l'acide 2-[(caboxymethyl)amino]benzoïque avec l'hydroxyde de sodium à 200°C et sous atmosphère inerte pour avoir l'acide indoxyl-2-carboxylique. Ce produit instable peut être facilement oxydé par l'air pour se transformer en l'indigo comme cela est présenté dans la figure suivante (*Figure.I.19*) [86] :

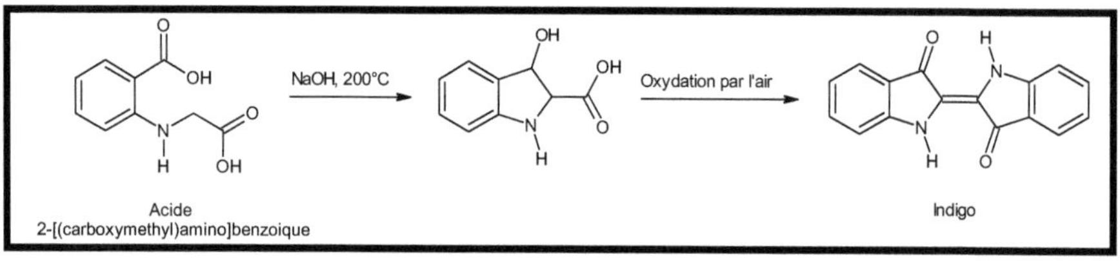

**Figure.I.19:** *Technique de synthèse de l'indigo effectuée par Heumann [86]*

Actuellement, cette méthode est encore pratiquée pour la synthèse de l'indigo sur une grande échelle mais dans des versions beaucoup plus développées.

### 2.4.2.2- La coloration

L'indigo est le colorant le plus important de la classe des indigoïdes. Dans l'indigo, la coloration est attribuée à la distribution des groupements NH dont l'action est renforcée par leur union au groupe phényle. Ils sont reliés d'une part au groupe carbonyle par un enchaînement aliphatique, et d'autre part au noyau benzénique : circonstances favorables à la coloration. Il a été démontré que la structure de base responsable de la couleur est de la forme suivante (*Figure.I.20*) [87] :

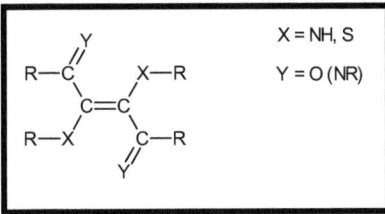

**Figure.I.20:** *Chromophore H, responsable de*
*la couleur dans l'indigo [87]*

Il s'agit d'un chromophore constitué par une double liaison C=C substitué par deux groupements donneurs X et accepteur Y. Ce système est appelé une croix conjuguée ou un chromophore H. Depuis longtemps, la nature de ce chromophore a fait l'objet de beaucoup de débats scientifiques [87] et plusieurs techniques de caractérisation ont été employées pour l'élucider.

### 2.4.3- LE PROCEDE CLASSIQUE DE TEINTURE A L'INDIGO

#### *2.4.3.1- La préparation de la cuve mère*

Dans le passé, on effectuait d'abord la réduction de l'indigo par fermentation [28,29]. L'alcalinité nécessaire à la dissolution était assurée par l'addition de chaux et de potasse (cendre végétale). Plus tard, la réduction a été réalisée au sulfate de fer/chaux, puis à la poudre de zinc/chaux [28,29]. Ceci a assuré une cuve de composition plus régulière.

Depuis la découverte du dithionite de sodium sous une forme assez stable, la préparation de cuve est devenue très simplifiée et la teinture est rendue beaucoup plus facile. La cuve mère peut être préparée par le procédé suivant : l'indigo est empâté soigneusement avec de l'eau bouillante contenant une quantité précise d'agent mouillant. La pâte obtenue est diluée avec de l'eau douce. A la température de 50 à 60°C, on ajoute la soude caustique et le dithionite de sodium. Généralement, la réduction complète est réalisée en 30 min environ à la même température mais ceci dépend de la recette utilisée.

La couleur de la cuve doit être jaune. Quand on plonge dans le liquide une plaque en verre transparent, la couche liquide restante en verre limpide ne doit pas contenir de points noirs, ce qui indique une réduction complète. Les points noirs et l'aspect trouble de la cuve mère indiquent une dissolution insuffisante ce qui exige une addition de la soude caustique.

### 2.4.3.2- La préparation de bain de teinture

La cuve mère est ajoutée au bain de teinture préparé préalablement avec la soude caustique et le dithionite de sodium. La température de bain est ambiante, comprise entre 20 et 25°C. Le bain doit avoir une couleur jaune verdâtre. L'insuffisance de soude se reconnaît à l'aspect trouble et grisâtre du bain. L'excès de réducteur se reconnaît à la couleur du bain qui est jaune d'or au lieu de jaune verdâtre. Par contre, l'insuffisance en dithionite est marquée par le nuage du bain de teinture en vert.

### 2.4.3.3- La teinture

Le textile (sous forme de câbles de fils) est introduit dans le bain de teinture à température ambiante. Après 10 à 15 secondes de traitement, il est exprimé et exposé à l'air libre pour oxyder le leuco-dérivé. La couleur passe progressivement du vert au bleu, d'où le nom de cette oxydation à l'air « deverdissage ». Pour obtenir une nuance de moyenne à foncée, on doit répéter plusieurs fois cette opération. Le textile passe successivement par une série de bains. Après la dernière passe, le textile est exprimé, oxydé, puis rincé et enfin séché. Le développement de la nuance ne nécessite pas un savonnage comme les autres colorants de cuve. Les solidités de teintures en indigo d'intensité standard (nuance moyenne) sont les suivantes :

☞ Solidité à la lumière : 3-4/8 (la cotation de ce test de solidité est sur 8).

☞ Solidité au lavage (à 60°C) : 3/5 (la cotation de ce test est sur 5).

☞ Solidité au lavage (à 95°C) : 2-3/5 (la cotation de ce test est sur 5).

☞ Solidité à l'eau de javel : 2-3/5 (la cotation de ce test est sur 5).

## 3- CONCLUSION

Le coton est une fibre naturelle utilisée depuis l'antiquité par l'homme pour se vêtir. Pour plusieurs raisons (confort thermique, santé, prix raisonnable...), cette fibre reste toujours la cible du consommateur. Elle constitue ainsi la fibre la plus demandée dans le marché mondial. Par conséquent, la recherche de nouvelles techniques de teinture écologiques de cette fibre intéresse sans doute les textiliens, les chimistes et surtout les teinturiers.

Par ailleurs, les colorants de cuve sont des colorants utilisés exclusivement pour la teinture des fibres cellulosiques et en particulier le coton. Ces colorants sont qualifiés de colorants « grands teints » grâce surtout à leur excellente solidité (résistances) au lavage et à la lumière. Bien que leur prix soit assez élevé, ils occupent une position importante dans le marché mondial si croissant d'une année à une autre.

Toutefois, la teinture avec ces colorants est assez compliquée et présente plusieurs problèmes tant écologiques que techniques. En effet, on utilise jusqu'à maintenant le dithionite de sodium pour la réduction de ces colorants. Ce réducteur ne permet pas un contrôle efficace du procédé de teinture. En outre, il génère des composés toxiques non biodégradables et difficiles à dépolluer lors du traitement de rejets hydriques de la teinture. Plusieurs tentatives ont été menées pour remplacer ce réducteur par d'autres agents réducteurs chimiques comme le l'acide formamidine sulfinique (dioxyde de thiourée), l'hydroxymethanesulfinate de sodium (Rongalite C), les hydroxyacétones, etc. Tous ces réducteurs à degrés divers, présentent en plus d'un prix de revient prohibitif certains défauts cités plus haut. L'hydrogénation catalytique a été aussi employée pour réduire les colorants de cuve. Malgré les avantages écologiques et économiques de cette technique, son utilisation directement en industrie est impossible à cause du grand risque d'explosion. En outre, les techniques électrochimiques ont montré qu'elles peuvent réduire efficacement les colorants de cuve. Toutefois, leur utilisation à l'échelle industrielle exige un investissement très élevé et une consommation énorme en énergie électrique.

Le borohydrure de sodium est un réducteur utilisé fréquemment en synthèse organique, en papeterie et dans les procédés de génération d'hydrogène. L'emploi de ce réducteur présente plusieurs avantages [88] : facilité de stockage, stabilité en milieu alcalin, les composés générés après sa réduction ne sont pas toxiques et ont un effet minimal sur l'environnement, etc.

La teinture par les colorants de cuve en utilisant le borohydrure de sodium comme agent réducteur pourrait offrir des solutions concrètes pour les problèmes cités précédemment. En effet, cette nouvelle technique permet de donner des avantages écologiques, techniques et économiques. Nous allons essayer dans notre étude d'appliquer cette technique sur la réduction d'un exemple très connu du colorant de cuve et largement employé dans l'industrie à savoir l'indigo. Ce colorant présente à lui seul une part de 29% du marché mondial des colorants de cuve.

# REFERENCES BIBLIOGRAPHIQUES

[1]- J. C. Arthur « Cotton ». Encyclopedia of polymer science and engineering, p. 4, 261-284, edited par John Wiley and Sons (1986).

[2]- I. Brossard « Technologie des Textiles », p. 6, Edité par Bordas (1988).

[3]- F. Berti, J. L. Hofs, H. S. Zagbaï et P. Lebailly, *Biotechnol. Agron. Soc. Environ.*, 10 (4), 271-280 (2006).

[4]- R. Jeffries, D. M. Jones, J. G. Roberts, K. Selby, S. C. Simmens, et J. O. Warwicker, *Cell. Chem. Technol.*, 3, 255 (1969).

[5]- J. O. Warwicker, R. Jeffries, R. L. Colbran, et R. N. Robinson « A Review of the Literature on the Effect of Caustic Soda and other Swelling agents on the Fine Structure of Cotton », Shirley Institute Pamphlet N°93 (1966).

[6]- T. P. Nevell et S. H. Zeronian, « Cellulose Chemistry Fundamentals », Cellulose Chemistry and its Application, Chap. 1, p. 16, Edité par T. P. Nevell, S. H. Zeronian, Ellis Horwood limited, (1985).

[7]- K. Ruel, J. Comtat et F. Barnoud, *Compt. Rend. Acad. Sc. Paris*, 1421-1424 (1977).

[8]- R. L. Wistler « Cellulose », Vol. III, Methods in Carbohydrate Chemistry, Academic press, New-York (1986).

[9]- E. Ott et al, « Cellulose and Cellulose Derivatives », Vol. 3, p.1600, Vol. 2, p.1411, Intersciences publishers, New-York (1971).

[10]- R. D. Preston, « The Physical Biology of Plant Cell Walls », p. 491, Chapman and Hall, London (1977).

[11]- F. J. Kolpak et J. Blackwell, *Macromol.*, 9, 273-278 (1977).

[12]- R. H. Marchessault et H. Chanzy, Cellulose Chemistry and Technology, *ACS Symposium series*, 48, 1-11 (1977).

[13]- C. Y. Liang et R. H. Marchessault, *J. Polym. Sc.*, 37, 385-395 (1959).

[14]- B. Monties, A. M. Castesson, J. C. Roland, F. Barnoud, J. P. Joseleau, M. T. Tollier, C. Mercier, J. F. Thibaut, M. Metch, G. de Lestang-Bremond, et G. Janin, « Les polymères végétaux – Polymères pariétaux et alimentaires non azotés », p. 66-85, Collection dirigée par C. Costes, Edité par Gauthier-Villars (1980).

[15]- H. K. Meyer et L. Misch, *Helv. Chem. Acta*, 20, 232 (1937).

[16]- G. Champetier et L. Monnerie, « Introduction à la Chimie Macromoléculaire », p. 623-635, Masson et Ciel, Paris (1969).

[17]- M. Marx-Figini et G. V. Schulz, *Makromol. Chem.*, 62, 49 (1963).

[18]- W. Ruttiger, *Melliand Textilber.*, 21, 1449 (1970).

[19]- L. M. De Alemida, « Etude de l'influence des conditions de mercerisage sur les propriétés des fibres cellulosiques », Thèse de doctorat, Université de Haute Alsace et Université Louis Pasteur de Strasbourg, France (1978).

[20]- A. D. Broadbent, « Basic Principles of Textile Coloration », p. 442-446, Society of Dyers and Colourists, Bradford (2001).

[21]- Y. Dordet, « La colorimétrie : principes et applications », p. 79-81, Editions Eyrolles, Paris (1990).

[22]- I. Tavernier, P. Lanthony, P. Durchon et A. Chrisment, « Communiquer par la couleur », p. 7-8, Edition 3C Conseil, Couleur Conseil Communication, Paris (1994).

[23]- Réf. 20, p. 465-468.

[24]- Réf. 22, p. 24-26.

[25]- W. Ingamells, « Color for Textiles - A user's handbook », p. 138-154, Society of Dyers and Colourists, Bradford (1993).

[26]- Réf. 22, p. 28-29.

[27]- W. Schrott, in Proc Colloqium Productionsintegrierte Wasser-/Abwassertechnik 2001, Nachhaltige Entwicklung in der Textilveredelung und Membrantechnik, University of Bremen, p. A2-2 (2001).

[28]- « Manual for the Dyeing of Cotton and Other Vegetable Fibres », I. G. Farbenindustrie Aktiengesellschaft, Frankfurt-am-Main (1936).

[29]- S. R. Trotman et E. R Trotman, « The Bleaching, Dyeing, and Chemical Technology of Textile Fibres », 2$^{nd}$ Edition, Charles Griffin & Company Ltd, London (1948).

[30]- N. P. Solov'ev, *Textil. Prom.*, 12(7), 34-35 (1952).

[31]- R. B. Chavan et J. N. Chakraborty, *Color. Technol.*, 117, 88-94 (2001).

[32]- D. E. Marnon (to General Anline & Film Corp.), U. S. Pat. 2,742 (1956).

[33]- L. J. F. Van Lamoen et H. Basten, Dutch. Pat. 86,919 (1957).

[34]- J. N. Etters, U. S. Pat. 3,798,172 (1974).

[35]- E. Roessler (to Chemische Fabrik Pfersee G.M.b.H), Ger. Pat. 1,260,430 (1968).

[36]- R. C. Shah, *Text. Dyer Printer*, 5(6), 39-42 (1972).

[37]- V. B. Holland, *Am. Dyest. Rep.*, 38(5), 213-231 (1949).

[38]- BASF A.-G, Fr Pat. 1,533,895 (1968).

[39]- L. A. Zakhozohaya et A. P. Khraplivyi, *Tekhnol. Tekst. Prom-st.*, (3), 79-82 (1977).

[40]- L. A. Zakhozohaya, L. A. Churisina et V. F. Androsov, *Tekhnol. Tekst. Prom-st.*, (2), 71-74 (1978).

[41]- Z. Koci (Ciba-Geigy A.-G), Eur. Pat. EP.55,694 (1982).

[42]- R. B. Chavan, S. Jahan et J. N. Chakraborty, *Colourage, (Spec. Issue)*, 73-79 (2002).

[43]- R. B. Chavan, S. Jahan et J. N. Chakraborty, Indian Pat. 2931/DEL/98 (1998).

[44]- M. Weiss, *Am. Dyest. Rep.*, 67(8), 35-38 (1978).

[45]- N. I. Prorokov, B. N. Mel'nikov, E. A. Osminin et A. N. Gruzdeva, *Textil'n. Prom.*, 26(3), 56-58 (1966).

[46]- Ts. Ya. Rosinskaya, L. I. Belen'Kii et A. I. Kudryavtseva, *Tekst. Prom.*, 30(7), 67-69 (1970).

[47]- Yu. S. Shmukler, N. I. Prorokov, B. N. Mel'nikov, P. V. Moryganov et A. N. Grudeva, *Tekst. Prom.*, (2), 105-108 (1970).

[48]- H. A. Lubs (E. I. duPont de Nemours & Co.), U. S. Pat. 2,164,930 (1939).

[49]- M. Jones (Hardmand and Holden Ltd.) Ger. Offen. 2,011,387 (1970).

[50]- J. Kingasa et A. Iwata (Kanebo. Ltd), Japan Kokai 74 116,390 (1974).

[51]- H. Sato, K. Kushibe, T. Nishii, Y. Kenetani et Y. Kawabe (Tokai Electrode Mfg. Co., Ltd.), Japan Kokai Tokkyo Koho 80 06,544; 80 06,545; 80 12,849; 80 16,914; 80 16,915; 80 16,916; 80 16,917 (1980).

[52]- T. A. Ibidapo, *Chemical Engineering J.*, 49(2), 73-78 (1992).

[53]- A. F. Fleming (E. I. du Pont de Nemours & Co), U. S. Pat. 2,992,061 (1961).

[54]- BASF A.-G., Ger. 1,116,190; 1,116,628 (1959).

[55]- M. R. Fox et J. H. Pierce, *Text. Chem. Colorist.*, 22, 13 (1990).

[56]- S. R. Shukla et S. K. Nigam, *New Cloth Market*, 6(7/8), 12 (1992).

[57]- BASF, Nahr, DEA 41 082 40.

[58]- R. D. Carver, U. S. Pat. 5,350,425 (1994).

[59]- E. Marte, *Textil Praxis Int.*, 44, 737 (1989).

[60]- U. Baumgarte, *Melliand Textilber.*, 68, 189 (1987).

[61]- D. Grandjean et S. Karelle, Haute Ecole de la Communauté Française Liège-Verviers-Huy-Gembloux Belgique, BE Pat. 1011895A3 (2000).

[62]- G. Dierker, et W. Wansleben, *Melliand Textilber.*, 34, 958-959 (1953).

[63]- T. Bechtold, E. Burtscher, A. Turcanu et O. Bobleter, *J. Soc. Dyers Colourist.*, 110, 14-19 (1994).

[64]- A. Roessler, D. Crettenand, O. Dossenbach, W. Marte et P. Rys, *Electrochimica acta*, 47(12), 1989-1995 (2002).

[65]- A. M. Bond, F. Marken, E. Hill, R. G. Compton et H. Hugel, *J. Chem. Soc., Perkin. Trans.*, 28(2), 1735 (1997).

[66]- S. Komorsky-Lovric, *J. Electroanal. Chem.*, 482, 222 (2000).

[67]- A. Roessler, D. Crettenand, O. Dossenbach, W. Marte et P. Rys, *J. Appl. Electrochem.*, 33(10), 901-908(8) (2003).

[68]- W. Marte, O. Dossenbach et U. Meyer, Patent. No. WO 00/31334 (2000)

[69]- Walter et P. Rys, *Electrochimica acta*, 47(12), 1989-1995 (2002).

[70]- A. Roessler, O. Dossenbach, W. Marte, U. Meyer et P. Rys, *Chimia*, 55, 879-882 (2001).

[71]- F. Bruin, F. W. Heineken et M. Bruin, *J. Chem. Phys.*, 37, 682 (1962).

[72]- F. Bruin, F. W. Heineken et M. Bruin, *J. Org. Chem.*, 28, 562 (1963).

[73]- T. Bechtold et al., European Pat. WO 90/15182, U. S. Pat. 5,244,549 (1993).

[74]- T. Bechtold, E. Burtscher, A. Amann et O. Bobleter, Angew. *Chem. Int. Ed. Engl.*, 31(8), 1068-1069 (1992).

[75]- T. Bechtold, E. Burtscher, D. Gmeiner et O. Bobleter, *Tex. Res. J.*, 67(9), 635-642 (1997).

[76]- A. Roessler et J. Xiunan, *Dyes and Pigm.*, 59, 223-235 (2003).

[77]- T. Bechtold, E. Burtscher, D. Gmeiner et O. Bobleter, *J. Electroanal. Chem.*, 306, 169 (1991).

[78]- T. Bechtold, *L'industrie textile*, N°1322, 65-68 (2000).

[79]- A. Brochet, U. S. Pat. 1,247,927 (1917).

[80]- G. Schnitzer, F. Suttsch, M. Schmitt, E. Kromm, H. Schluter, R. Kruger, et al., World Pat. 94/23114 (1994).

[81]- W. Marte, O. Dossenbach et A. Roessler, Swiss Patent Pending 2322/01 (2001).

[82]- A. Roessler, O. Dossenbach, W. Marte, et P. Rys, *Dyes & Pigm.*, 54, 141-146 (2002).

[83]- A. Roessler, O. Dossenbach, et P. Rys, *J. Electrochem. Soc.*, 150 (1), D1-D5 (2003).

[84]- A. V. Baeyer, *Chem. Ber.*, 16, 2204 (1883).

[85]- T. Posner, *Chem. Ber.*, 59B, 1799 (1926).

[86]- K. Heumann, *Chem. Ber.*, 23, 3034 (1890).

[87]- E. Wille et W. Luttke, *Angew. Chem. Internat. Edit.*, 10 (11), 803 (1971).

[88]- D. Hua, Y. Hanxi, A. Xinping et C Chuansin, *International Journal of Hydrogen Energy*, 28, 1095-1100 (2003).

# MISE AU POINT DE LA REACTION DE REDUCTION DE L'INDIGO PAR LE BOROHYDRURE DE SODIUM & EVALUATION TINCTORIALE

# MISE AU POINT DE LA REACTION DE REDUCTION DE L'INDIGO PAR LE BOROHYDRURE DE SODIUM & EVALUATION TINCTORIALE

## 1- INTRODUCTION

Certes, l'utilisation des borohydrures dans la réduction des colorants de cuve n'est pas une nouvelle idée. Le premier brevet était déposé en 1960 par Goerring [1]. Il a essayé de réduire certains colorants de cuve en utilisant le borohydrure de potassium comme agent réducteur et à un pH égal à 13. Plus tard, Harrison et Hinckley [2] ont publié un nouveau procédé de teinture sur pièces par des colorants de cuve réduits par le borohydrure de sodium. Son emploi vise à diminuer l'excès de dithionite de sodium et de soude caustique ajoutés pour compenser les pertes causées par l'eau et l'air. Selon ces chercheurs, ce procédé a permis de faire la teinture à haute température et d'avoir une rapide oxydation de leuco-dérivés (formes réduites) dans la matière textile. Mais toutes ces techniques n'ont pas eu de succès industriel parce que leurs performances étaient trop loin de celles obtenues avec le dithionite de sodium.

Ensuite, les tentatives d'améliorer la teinture avec les colorants de cuve en utilisant le borohydrure de sodium comme agent réducteur ont été poursuivies. Plusieurs nouvelles techniques sont apparues et consistaient à appliquer ce réducteur dans des conditions non conventionnelles pour le rendre plus efficace : employer différents types de catalyseurs et des initiateurs en combinaison, réduction dans des solvants organiques, réduction en combinaison avec le dithionite de sodium, etc. Toutefois, l'emploi de ce réducteur dans la réduction des colorants de cuve est resté encore timide et non complètement réussi. Tout d'abord, son application était toujours restreinte à quelques colorants de cuve pour chacun des procédés élaborés. En effet, la réduction de certains colorants de cuve comme l'indigo connu par sa valeur historique, industrielle, économique et sociale n'a jamais été étudiée et mentionnée dans la littérature. De plus, certains procédés développés exigent des coûts industriels prohibitifs et/ou l'emploi des produits chimiques toxiques en quantités élevées.

L'objectif de ce travail est de pallier certains problèmes liés à la réduction des colorants de cuve par le borohydrure de sodium en étudiant l'exemple de l'indigo. Ainsi, dans ce chapitre, nous allons étudier la réduction de l'indigo (C. I. Vat Blue 1) avec cet agent réducteur. La réaction de réduction sera opérée essentiellement à 55°C, en présence d'un catalyseur et sans ajout d'alcali. Deux techniques de contrôle de la réduction seront aussi mises au point dans ce chapitre afin d'évaluer les performances de la réduction. La première technique est basée sur la quantification du leuco-indigo (forme réduite) produit après la réduction alors que la deuxième technique est basée sur l'évaluation de la qualité de teinture d'un tissu en coton teint dans la solution obtenue après la réduction.

## 2- RAPPELS BIBLIOGRAPHIQUES

### 2.1- LE BOROHYDRURE DE SODIUM

#### 2.1.1- SYNTHESE

Le borohydrure de sodium est un réducteur qui a été découvert par Schlesinger et Brown [3] à l'université de Chicago en 1943. Il est obtenu par réaction du méthyle borate avec l'hydrure de sodium à haute température :

$$4\,NaH \;+\; B(OCH_3)_3 \;\xrightarrow{\;250°C\;}\; NaBH_4 \;+\; 3\,NaOCH_3$$

### 2.1.2- SOLUBILITE

Le borohydrure de sodium était initialement utilisé dans des activités de recherche visant surtout à générer l'hydrogène. En milieu aqueux, il est instable et réagit avec l'eau en dégageant de l'hydrogène. La solubilité du borohydrure de sodium dans l'eau à différentes températures a été étudiée par Jensen [4]. Par ailleurs, la solubilité du borohydrure de sodium dans divers solvants a été aussi déterminée et à différentes températures. Le *tableau II.1* illustre quelques exemples de ces solvants ainsi que les solubilités correspondantes [5]. En général, le borohydrure de sodium est soluble dans les composés polaires contenant des groupes hydroxyles ou amines.

| Solvant | Température (°C) | Solubilité (g par g de solvant) |
|---|---|---|
| Eau | 0 | 25 |
| Eau | 60 | 88,5 |
| Méthanol | 20 | 16,4 |
| Ethanol | 20 | 4 |
| Tetrahydrofurane | 20 | 0,1 |
| 1,2-Dimethoxyethane | 20 | 0,8 |
| Diglyme | 25 | 5,5 |
| Diméthylformamide | 20 | 18 |
| Ammoniac [6] | -33 | 100 |

*Tableau.II.1:* Solubilité du borohydrure de sodium dans quelques solvants [5]

### 2.1.3- STABILITE

La stabilité du borohydrure de sodium dans l'eau dépend de la température et du pH du milieu. L'augmentation de la température et la diminution du pH accélèrent la réaction d'hydrolyse du borohydrure de sodium [7]. La cinétique de cette réaction a été étudiée par Gardiner et Collat [8,9], Wang et Jolly [10], et par Kreevoy [11-13]. Il a été montré que la réaction d'hydrolyse du borohydrure de sodium est de type pseudo premier ordre et elle est influencée par l'ajout de divers acides jouant le rôle d'un catalyseur comme l'acide oxalique. Dans les milieux fortement alcalins, la réaction d'hydrolyse reste aussi de type premier ordre [14].

La vitesse de décomposition du borohydrure de sodium dans les solutions aqueuses pourrait être estimée à l'aide de l'équation suivante [15] :

$$Log_{10} t_{1/2}(\text{min}) = pH - (0,034 \times T - 1,92)$$

Où $t_{1/2}$ est le temps qui correspond à la décomposition de la moitié de la quantité du borohydrure de sodium et T est la température du milieu exprimée en Kelvin.

L'hydrolyse du borohydrure de sodium cause une augmentation de pH du milieu réactionnel et par suite la vitesse de décomposition diminue.

L'addition de la soude caustique permet de stabiliser les solutions du borohydrure de sodium. Ceci a été démontré par Jensen [4] pour un intervalle de pH compris entre 12,9 et 13,8. Ainsi, pour des pH très élevés, il n y a pas de décomposition pendant le stockage.

De l'autre coté, l'effet du milieu acide a été étudié par Schlesinger et ses collaborateurs [7]. Ils ont comparé l'effet de 30 acides différents sur l'hydrolyse du borohydrure de sodium dans l'eau. Ils ont conclu qu'en général ce sont les acides forts qui produisent une forte accélération de l'hydrolyse du borohydrure de sodium. Ils ont montré aussi que pour un même pH, le taux d'hydrolyse dépend seulement du pH de milieu et non de la nature de l'acide ou du sel mis dans le milieu [8].

Quant à la température, son augmentation provoque une diminution de la stabilité du borohydrure de sodium [8]. Celle-ci pourrait être compensée par ajout de soude caustique et augmentation de la concentration en borohydrure de sodium.

## 2.2- REDUCTION DES CETONES ET DES ALDEHYDES

### 2.2.1- REDUCTION PAR LES METAUX

Depuis longtemps la réduction de la fonction carbonyle a attiré l'attention des chercheurs en chimie. Nous allons essayer dans ce paragraphe de citer les études les plus importantes qui concernent la réduction de cette fonction carbonyle dans les aldéhydes et les cétones qui ont marqué une révolution dans le domaine de la chimie organique.

La réduction des aldéhydes en alcools a été réalisée au début à l'aide d'un métal dans l'acide acétique. Les métaux utilisés étaient la poudre de zinc, l'amalgame de sodium, le sodium et le fer. L'équation suivante illustre un exemple d'une réduction d'un aldéhyde par le fer [16-20] :

$$CH_3(CH_2)_5CHO \xrightarrow[\text{6-7h, 100°C}]{\text{Fe, A. Acét.}} CH_3(CH_2)_5CH_2OH$$
$$80\%$$

Des cétones simples comme le 2-heptanone ont été réduites en l'alcool correspondant par le sodium dans l'éthanol [21,22]. Des diarylcétones ont été réduites également par le zinc dans un mélange soude caustique/éthanol [23].

65%

80

Zn-NaOH/EtOH
2-3h, 70°C

96%

En 1925, Valery [24] ainsi que Meerwein et Schmidt [25] ont découvert séparément qu'il est possible de réduire un aldéhyde en alcool correspondant à l'aide de l'éthoxide d'aluminium dans l'éthanol. Une année plus tard, Ponndorf a trouvé que l'emploi d'alkoxides d'aluminium des alcools secondaires tels que l'isopropylalcool permet de réduire les aldéhydes et les cétones avec succès [26]. En 1937, Lund a appliqué cette méthode à certaines variétés d'aldéhydes et de cétones. Il a exploré ainsi la possibilité de l'emploi de la nouvelle technique appelée « réaction de Meerwein- Ponndorf- Valery » [27,28].

Al-i-PrOH
8-9h, 110°C

60%

Al(i-PrO)₃
1h, sous reflux

99%

Le mécanisme de la réaction de réduction de la fonction carbonyle par le métal est basé sur un transfert d'un électron du métal vers la fonction carbonyle. Ce mécanisme comporte deux étapes principales (pour le cas de sodium comme métal) [29] :

*☞ Etape 1 :*

$$Na^{\cdot} + R_2CO \longrightarrow Na^{\oplus} + R_2\overset{\cdot}{C}O^{\ominus} \overset{R'OH}{\longrightarrow} R_2\overset{\cdot}{C}HO$$

*☞ Etape 2 :*

$$Na^{\cdot} + R_2\overset{\cdot}{C}HO \longrightarrow Na^{\oplus} + R_2CHO^{\ominus}$$

Les paramètres expérimentaux influencent énormément le résultat de ce type de réaction. En effet, selon les conditions opératoires employées, on peut obtenir soit un alcool soit un diol (pinacol), et ceci en fonction de la réaction suivante [29] :

$$R_2C=O + e^{\ominus} \longrightarrow R_2\overset{\cdot}{C}O^{\ominus}$$

$$2 R_2\overset{\cdot}{C}O^{\ominus} \longrightarrow R_2\overset{\overset{\ominus}{O}}{\underset{}{C}} - \overset{\overset{\ominus}{O}}{\underset{}{C}}R_2$$

Toutes ces réductions de la fonction carbonyle sont des réductions qui font intervenir des électrons. Elles nécessitent des températures très élevées, des durées très longues et donnent souvent des rendements très faibles en produits à synthétiser. Cependant, la découverte des hydrures métalliques et leurs complexes ont changé énormément cette situation. En effet, des nouvelles méthodes pour la réduction de la fonction carbonyle et pour d'autres fonctions organiques par les hydrures ont été mises au point. Elles ont permis de pallier beaucoup d'inconvénients relatifs aux méthodes citées précédemment.

## 2.2.2- REDUCTION PAR LES HYDRURES

### 2.2.2.1- La réactivité du borohydrure de sodium

L'apparition des hydrures a présenté une révolution dans le domaine de la chimie organique. Les deux hydrures les plus rencontrés dans la littérature sont le borohydrure de sodium (NaBH₄) et l'aluminohydrure de lithium (LiAlH₄).

L'aluminohydrure de lithium est un réducteur très puissant utilisé exclusivement pour réduire les fonctions organiques et en particulier la fonction carbonyle dans les milieux non aqueux. Par conséquent, nous allons nous intéresser ici à étudier principalement le borohydrure de sodium.

Le pouvoir réducteur du borohydrure de sodium a été découvert lors de l'élaboration des recherches qui visent à étudier le comportement de ce substrat dans des solvants organiques. On a constaté que le borohydrure de sodium est un réducteur moins puissant et plus sélectif que l'aluminohydrure de lithium. Dans les solvants hydroxyliques, il réduit les aldéhydes et les cétones rapidement à 25°C. L'équation générale de la réduction des cétones par le borohydrure de sodium est la suivante :

$$NaBH_4 \ + \ 4\,R_2C{=}O \ \longrightarrow \ Na^+ \ + \ [B(OCHR_2)_4]^- \ \xrightarrow{\ H_2O\ } \ 4\,R_2CHOH$$

## 2.2.2.2- La réduction de la fonction carbonyle par le borohydrure de sodium

### 2.2.2.2.1- Le mécanisme de la réduction

Le mécanisme de la réduction de 4 moles de cétone par une mole du borohydrure de sodium est basé sur un transfert classique d'une hydrure de ce réducteur vers la cétone. Ce mécanisme possède quatre étapes différentes. Chaque étape correspond à un transfert d'une seule hydrure vers une cétone comme cela est indiqué dans les équations suivantes [30] :

83

$$Na^{\oplus}\,BH_4^{\ominus} + R_2CO \longrightarrow Na^{\oplus}\,R_2CHOBH_3^{\ominus}$$

$$Na^{\oplus}\,R_2CHOBH_3^{\ominus} + R_2CO \longrightarrow Na^{\oplus}\,[R_2CHO]_2BH_2^{\ominus}$$

$$Na^{\oplus}\,[R_2CHO]_2BH_2^{\ominus} + R_2CO \longrightarrow Na^{\oplus}\,[R_2CHO]_3BH^{\ominus}$$

$$Na^{\oplus}\,[R_2CHO]_3BH^{\ominus} + R_2CO \longrightarrow [R_2CHO]_4B^{\ominus}\,Na^{\oplus}$$

On remarque que le transfert est toujours le même. Il s'agit d'un transfert d'une hydrure vers une cétone. Toutefois, c'est le réducteur qui change au cours de chaque étape. Selon Rickborn et Wuesthoff [31], l'existence de plusieurs réducteurs dans cette réaction pose beaucoup de problèmes pour interpréter les taux et la stéréochimie du résultat obtenu. Néanmoins, cette remarque ne remet pas en question l'importance et l'utilité de ces agents réducteurs formés.

Par ailleurs, Jones et Wise [30] se sont intéressés à l'aspect cinétique de la réduction des cétones par le borohydrure de sodium. Ils ont montré que ces réactions n'ont pas la même vitesse. En effet, la première étape est plus lente que les trois autres. Une autre étude [30] faite par Brown et ses collaborateurs révèle que le mécanisme de réduction pourrait être stoppé à la première étape si on ajoute le triéthylamine dans le milieu réactionnel.

### 2.2.2.2.2- Effet du solvant

Herbert et ses collaborateurs [30] ont étudié un paramètre très important à savoir l'effet du solvant sur les propriétés réductrices du borohydrure de sodium. Ils ont remarqué que ce réducteur est très soluble dans l'eau et qu'en milieu basique il est assez stable. Les solutions aqueuses de borohydrure de sodium pourraient réduire les aldéhydes et les cétones même au cas où la solubilité des composés à réduire est faible dans l'eau. Dans les alcools, le borohydrure de sodium est également soluble. Bien qu'il réagisse avec le méthanol en dégageant de l'hydrogène, sa réaction dans l'éthanol est moins rapide [32]. Par conséquent, l'éthanol a l'avantage de réaliser des réductions avec moins de perte de borohydrure de sodium à travers sa réaction avec le solvant. Dans l'isopropylalcool, le borohydrure de sodium possède la solubilité la plus faible (0,1 mol.l$^{-1}$ à 25°C). La solution apparaît très stable. Des études cinétiques sur la vitesse des réactions des aldéhydes et des cétones avec le borohydrure de sodium dans l'isopropylalcool ont indiqué une large différence au niveau de la réactivité entre le benzaldéhyde et l'acétophénone avec un facteur de 400 pour la constante de vitesse [33,34].

Le borohydrure de sodium est insoluble dans l'éther éthylique, peu soluble dans le THF (tetrahydrofurane) mais très soluble dans le diglyme (diméthyle éther de diéthylène glycol) et dans le triglyme (diméthyle éther de triéthylène glycol). Dans le diglyme et le triglyme, les solutions de NaBH$_4$ sont utilisées pour la synthèse de diborane [35] et pour l'hydroboration des oléfines [36,37]. Cependant, au lieu d'augmenter les propriétés réductrices du borohydrure de sodium, ces solvants les font diminuer. En effet, dans le diglyme, le borohydrure de sodium n'a pas pu réduire l'acétone. Par contre, en gardant ces mêmes conditions et en utilisant l'eau ou des alcools au lieu du diglyme l'acétone a été réduit en quelques minutes [38].

Les solvants aprotiques comme le diméthyle sulfoxyde, le sulfolane et l'hexaméthylephosphotriamide ont été aussi étudiés dans les réductions par le borohydrure de sodium [39-41]. Il est rapporté dans la littérature que les propriétés réductrices du borohydrure de sodium sont accentuées dans ces solvants. Toutefois, des détails de cette étude concernant l'effet de la réduction sur les différentes fonctions chimiques ne sont pas disponibles.

### *2.2.2.3- La réduction des colorants de cuve par le borohydrure de sodium*

Depuis sa découverte en 1943, le borohydrure de sodium a été fréquemment utilisé pour la réduction des cétones et des aldéhydes. Toutefois, grâce à notre étude bibliographique nous avons pu savoir que son utilisation pour la réduction des colorants de cuve en milieu aqueux n'a pas eu un grand succès à l'échelle industrielle. Ceci pourrait être dû à l'instabilité de ce réducteur dans l'eau. Selon Nair [42,43], l'application du borohydrure de sodium pour la réduction des colorants de cuve n'était pas concluante même en utilisant des réactifs en excès, ou avec une durée très longue de la réaction et/ou à des températures très élevées. Etudiant la stabilité de ce réducteur, de leuco-dérivés (formes réduites) et de tout le bain de teinture, Nair a également conclu que l'emploi de $NaBH_4$ ne permet pas d'améliorer la stabilité de leuco-dérivés contre l'oxydation. Ainsi, le remplacement du dithionite de sodium par $NaBH_4$ ne serait possible ni partiellement ni totalement. Kreevoy [43,44] a montré que les problèmes liés à la réduction des colorants de cuve par $NaBH_4$ ne sont pas uniquement des problèmes d'ordre technique mais aussi des problèmes liés au mécanisme réactionnel. En effet, les fonctions carbonyles dans les molécules des colorants de cuve sont très stables. Leur réduction dans un milieu alcalin nécessite un réducteur plus puissant que le borohydrure de sodium.

Dans la littérature, nous trouvons des travaux qui traitent non seulement de l'utilisation de $NaBH_4$ seul pour la réduction de certains colorants de cuve mais aussi en mélange avec d'autres réducteurs.

Parmi les premiers travaux, nous citons ceux de Goerring [1] qui a déposé le premier brevet en 1960 sur la réduction des colorants de cuve par les hydrures de bore. Il a essayé de réduire certains colorants de cuve en utilisant le borohydrure de potassium comme agent réducteur et à un pH égal à 13. Plus tard, Harrison et Hinckley [2] ont publié un nouveau procédé de teinture sur pièces avec des colorants de cuve réduits par le borohydrure de sodium. Son emploi vise à diminuer l'excès de dithionite de sodium et de soude caustique ajoutés pour compenser les pertes causées par l'eau et l'air. Ces techniques n'ont pas eu un succès industriel parce que les résultats obtenus n'étaient pas au même niveau que ceux réalisés avec le dithionite de sodium.

Plusieurs chercheurs se sont intéressés à améliorer l'efficacité du borohydrure de sodium en le mélangeant avec d'autres agents réducteurs in situ ou dans un autre bain. Neale [45] par exemple, a réussi à produire des solutions réductrices pour les colorants de cuve constituées essentiellement d'un mélange de borohydrure de sodium et de dithionite de sodium. Cette technique permet surtout de diminuer la consommation en dithionite de sodium, et par suite on aura une réduction de la pollution générée par ce réducteur lors de son utilisation.

D'autres chercheurs ont essayé d'ajouter d'autres produits chimiques avec le borohydrure de sodium dans le bain. Goerring [46,47] est le premier qui s'est intéressé à utiliser des catalyseurs avec ce réducteur pour faire augmenter ses propriétés réductrices. Les catalyseurs utilisés sont des sels d'étain, d'arsenic, de cuivre, de molybdène, de nickel, de cobalt ou de platine. La réduction a été réalisée à haute température (95°C) pour des applications en impression textile avec des colorants de cuve. Baumgarte [48] a étudié la réduction de quelques colorants de cuve par le borohydrure de sodium sans et avec le nickelate cyanure de potassium $K_2Ni(CN)_4$

comme catalyseur. Ensuite, il a comparé les résultats obtenus avec ceux du dithionite et du sulfite de sodium. Il a conclu que dans tous les cas, les rendements de la réduction des colorants de cuve par $NaBH_4$ sont toujours inférieurs à ceux du dithionite. De plus, les meilleurs résultas de l'emploi de $NaBH_4$ ont été enregistrés uniquement pour le colorant Indanthrene Yellow G.

Sadov et son équipe [49] ont testé l'acénaphtènequinone comme catalyseur pour la réduction des colorants de cuve. Ils ont trouvé que ce catalyseur est très efficace. Toutefois, la solution obtenue n'est pas suffisamment stable, et ils ont proposé une teinture par foulardage (procédé de teinture à la continue) à double bains où le textile passe tout d'abord dans un premier bain contenant le colorant de cuve et le catalyseur puis dans un deuxième bain contenant l'agent réducteur. Pour évaluer les performances de ce procédé, Sadov [50] a étudié la réduction de trois colorants de cuve (Golden Yellow ZhKh, Brillant Green S et Brillant Violet K), et il a comparé les résultats obtenus avec ceux du procédé classique faisant intervenir le dithionite de sodium comme agent réducteur. Il a observé que le temps de réduction de ces colorants de cuve avec $NaBH_4$ est le même que celui obtenu avec le dithionite. De plus, l'emploi du borohydrure de sodium permet d'avoir un degré de fixation du colorant sur la fibre plus élevé et une consommation moindre en alcali et en agent réducteur. Toutefois, le rendement de la teinture est légèrement inférieur à celui obtenu avec le dithionite.

Dans un autre travail, Sadov [51] a étudié la capacité réductrice et la stabilité des solutions alcalines de borohydrure de sodium dans diverses conditions opératoires (concentration de $NaBH_4$, concentration de la soude caustique, température) et en présence de catalyseurs organiques comme l'anthraquinone, l'α- et β-anthraquinone sulfonic, l'α- et βaminoanthraquinone, les 1,2- et 1,4-dihydroxyanthraquinonique, l'acénaphtènequinone et des catalyseurs inorganiques comme $K_2Ni(CN)_4$ et $K_3Co(CN)_6$. En comparant les résultats observés à ceux obtenus avec le dithionite de sodium, il a conclu que parmi tous les catalyseurs testés, c'est uniquement l'acénaphtènequinone qui, en présence du borohydrure de sodium, pourrait offrir un potentiel redox aussi bon que celui obtenu avec le dithionite de sodium.

Baumgarte [52,53] a présenté en 1969 une nouvelle technique industrialisable sur la réduction des colorants de cuve par le borohydrure de sodium. Cette technique permet d'effectuer la réduction d'une manière efficace en présence d'un initiateur comme le sulfoxylate formaldéhyde de sodium et d'un accélérateur le nickelate cyanure de sodium $Na_2Ni(CN)_4$. Cette technique était envisagée industriellement pour les procédés d'application par vaporisage de certains colorants de cuve. En effet, la réaction de réduction ne peut se déclencher que dans un vaporiseur à 100°C. Toutefois, des problèmes de surréduction de certains colorants de cuve ont été observés avec virage de nuance.

Plus tard, un brevet a été déposé par la société Ventron Corp [54] sur la réduction des colorants de cuve par $NaBH_4$. La méthode consiste à mélanger le borohydrure de sodium, le nickelate cyanure de sodium et la soude caustique ensemble pendant une heure à 75°C jusqu'à avoir une coloration rouge brune. La solution ainsi préparée a été ensuite appliquée sur un coton imprégné avec un colorant de cuve. Ceci a permis l'obtention de bons rendements tinctoriaux par rapport à ceux obtenus avec le procédé classique de $NaBH_4$. Cependant, un des inconvénients de ce procédé est l'emploi de grosses quantités de $Na_2Ni(CN)_4$ et de soude caustique dans le bain.

Dans son travail, Shchegoleva [55] a indiqué qu'en absence de dithionite de sodium, le borohydrure ne pourrait réduire qu'un nombre limité des colorants de cuve. Il a proposé d'employer un catalyseur commercialisé nommé Calfax avec le borohydrure de sodium et la soude caustique. Selon lui, cette nouvelle formule pourrait remplacer l'ajout du dithionite de sodium dans le bain de $NaBH_4$ et avoir un rendement tinctorial comparable.

En 1981, la société Ventron Division [56,57] a présenté un nouveau procédé de teinture à la continue pour des articles en coton et en mélange coton/polyester avec les colorants de cuve. Ce procédé qui est nommé « Ven-Vat® » emploie deux types de réducteurs non mélangés directement dans le même bain: le premier est un dérivé organique de dithionite de sodium et le deuxième est un borohydrure alcalin. La technique consiste en une première imprégnation de la matière dans un bain du colorant de cuve suivie d'un passage dans un bain contenant le premier agent réducteur et un catalyseur, puis un autre passage dans un troisième bain contenant le borohydrure et la soude caustique. Finalement, la matière passe dans un vaporiseur où la réaction de réduction va se déclencher. Toutefois, ce procédé ne s'applique qu'à la continue et donne uniquement des bons résultats pour la teinture en nuances claires à moyennes. De plus, il exige beaucoup de précautions à prendre pour éviter toute acidification du milieu pouvant engendrer des problèmes de stabilité des réducteurs ainsi qu'un réglage spécial de la pression du vaporiseur.

## 2.3- METHODES EMPLOYEES POUR LE CONTROLE DE LA TEINTURE AVEC L'INDIGO

Le contrôle de la réaction de réduction de l'indigo et par suite de la teinture des fibres cellulosiques avec ce colorant est une tache assez difficile. Ceci est dû à l'instabilité de la forme réduite de l'indigo d'une part vis à vis de l'oxydation, et d'autre part vis à vis de la variation de pH. Plusieurs méthodes ont été employées pour contrôler et évaluer la réduction et la teinture avec l'indigo. La plupart de ces méthodes ont été développées par la firme BASF [58]. Seules les méthodes potentiomètriques et colorimétriques s'avèrent les plus efficaces.

### 2.3.1- MESURE DE LA CONCENTRATION DU REDUCTEUR DANS LE BAIN DE TEINTURE

Cette méthode consiste à déterminer la quantité de dithionite de sodium (le réducteur qui est généralement le plus utilisé dans la réaction de réduction) en excès dans le bain de teinture. Cette quantité de dithionite obtenue permet de donner une idée sur la quantité de dithionite qui a déjà réagi avec l'indigo et par suite sur la quantité de leuco-indigo formée dans le bain de teinture. Deux techniques potentiomètriques basées sur des réactions d'oxydo-réduction sont utilisées pour déterminer la quantité du dithionite de sodium. La première technique fait intervenir le ferricyanure de potassium $K_3Fe(CN)_6$ comme oxydant alors que la deuxième fait intervenir l'iode $I_2$. Les deux techniques doivent être menées en l'absence totale d'oxygène.

### 2.3.2- MESURE DE LA CONCENTRATION DU LEUCO-INDIGO DANS LE BAIN DE TEINTURE

Cette méthode a pour objectif de mesurer directement la concentration de leuco-indigo (forme réduite de l'indigo) dans le bain de teinture. Cette mesure peut être effectuée soit par potentiométrie soit par spectroscopie.

### 2.3.2.1- Technique potentiomètrique

#### 2.3.2.1.1- Description

C'est la même technique que celle utilisée pour déterminer la quantité du dithionite de sodium en excès dans le bain, dans laquelle on utilise le ferricyanure de potassium comme oxydant. En fait, le titrage par le ferricyanure de potassium donne deux points d'équivalence [62]. Le premier point correspond à la quantité du réducteur en excès alors que le deuxième correspond à la quantité du leuco-indigo formée dans le bain. Comme nous l'avons signalé précédemment, cette technique doit être faite en absence d'oxygène, c'est-à-dire en opérant le titrage sous azote ou bien en couvrant la solution à titrer par de l'huile de paraffine.

Dans le cas où le dithionite de sodium est l'agent réducteur de l'indigo, le titrage avec le ferricyanure de potassium (utilisé pour la détermination de la concentration de leuco-indigo dans le bain de teinture) est basé sur l'équation de la réaction suivante :

**Forme Biénolate**                    **Indigo**

#### 2.3.2.1.2- Calcul de la concentration en leuco-indigo

Soient :

$N1$ : Nbre de moles de leuco-indigo

$N2$ : Nbre de moles de $[Fe(CN)_6]^{-3}$ ajouté

$C1$ : Concentration molaire de leuco-indigo (en $mol.l^{-1}$)

$C2$ : Concentration molaire de $[Fe(CN)_6]^{-3}$ ajouté ; $C2 = 5.10^{-2} mol.l^{-1}$

$V1$: Volume de leuco-indigo en litre, $v1$ (en ml) = 20 ml

$V2$: Volume de $[Fe(CN)_6]^{-3}$ ajouté en litre, $v2$ (en ml)

A l'équivalence on a :

$$Nbre\ de\ mole\ de\ leuco\text{-}indigo = \frac{1}{2} \times Nbre\ de\ mol\ [Fe(CN)_6]^{-3}\ ajouté$$

$$\text{C'est à dire : } N1 = \frac{1}{2} \times N2$$

Or on sait que $N1 = C1 \times V1$ et $N2 = C2 \times V2$

On aura donc :

$$C1 \times V1 = \frac{1}{2} \times C2 \times V2$$

Soit :
$$C1 = \frac{C2 \times V2}{2 \times V1}$$

$$C1 = \frac{5.10^{-2} \times 10^{-3} \times v2(ml)}{2 \times 20 \times 10^{-3}}$$

$$C1 = 1,25.10^{-3} \times v2$$

$$C1(mol.l^{-1}) = 1,25.10^{-3} \times v2(ml)$$

On définit le rendement de la réaction $R(\%)$ :

$$R(\%) = \frac{Q_{li} \times 100}{Q_{in}}$$

Avec :

$Q_{in}$ : Quantité d'indigo mise dans le réacteur au début (en mol)

$Q_{li}$ : Quantité de leuco-indigo obtenue en fin de réaction (en mol)

Or $Q_{li} = C1 \times V_T$

Avec $V_T$ : Volume total dans le réacteur en litre

On a par la suite : $R(\%) = \dfrac{C1 \times V_T \times 100}{Q_{in}}$

$$R(\%) = \frac{1,25.10^{-3} \times v2(ml) \times V_T \times 100}{Q_{in}}$$

### 2.3.2.2- Technique spectroscopique

La détermination de la quantité de leuco-indigo formée dans le bain de teinture peut également se faire spectroscopiquement en utilisant un spectrophotomètre [58]. Les spectrophotomètres sont des appareils qui permettent de déterminer la concentration des composants absorbants dans des conditions bien précises. Leur principe est simple. Il consiste à soumettre la solution colorée à un rayon lumineux puis à déterminer le rayon transmis. Ensuite, les calculs seront faits en se basant sur la loi de Beer-Lambert. Cette loi s'exprime par la relation suivante [59,60] :

$$I = I_0 \times e^{-klc}$$

Où $I$ est l'intensité de la lumière transmise à travers une solution colorée d'épaisseur $l$ (en cm), $I_0$ est l'intensité de la lumière incidente arrivant sur le milieu absorbant, $c$ est la concentration de la substance colorée à analyser (en mol.l$^{-1}$), et $k$ est le coefficient d'absorption.

On peut introduire à partir de cette loi l'expression du pourcentage de transmission [59,60]:

$$T = \frac{100 \times I}{I_0} = 100 \times e^{-klc}$$

La transmission d'une solution n'est pas une quantité très pratique à utiliser pour l'estimation de la concentration des colorants car elle ne varie pas avec la concentration de manière linéaire. L'utilisation de l'absorbance $A$ lui est nettement préférée et $A$ est définie par l'équation [59,60]:

$$A = \log\left(\frac{I}{I_0}\right) = \varepsilon.c.l$$

Avec $\varepsilon = \dfrac{k}{\log 10}$, appelé coefficient d'absorption molaire (l.mol$^{-1}$.cm$^{-1}$).

Les mesures du pourcentage de transmission ou d'absorbance doivent être déterminées avec le spectrophotomètre sous une lumière monochromatique dont la longueur d'onde correspond à un maximum d'absorption pour le colorant utilisé.

La technique de détermination de la concentration de leuco-indigo par spectrophotomètre est une technique assez délicate et demande beaucoup de rigueur. Le travail nécessite l'utilisation d'un solvant (1-methyl-2-pyrrolidone) en mélange avec l'eau, le dithionite de sodium et la soude caustique pour la préparation des solutions d'étalonnage et pour la dilution des solutions prélevées du bain de teinture à analyser [58].

L'emploi de 1-methyl-2-pyrrolidone permet d'éliminer la couche de leuco-indigo oxydée formée à la surface de la solution colorée et qui fausse le résultat obtenu. Les mesures doivent être faites sous une lumière monochromatique de longueur d'onde 408 nm, longueur d'onde pour laquelle le leuco-indigo présente un maximum d'absorption [58]. Il est impératif de signaler que toutes les manipulations doivent être faites dans des enceintes fermées.

### 2.3.3- METHODES COLORIMETRIQUES

La colorimétrie permet de contrôler et de mesurer objectivement les couleurs. Au contraire des autres méthodes de contrôle, les méthodes colorimétriques sont employées en aval de l'étape de teinture. On distingue deux types des mesures, la mesure des paramètres colorimétriques *(L\*, a\**

*et b\*)* et la mesure du degré d'absorption *(K/S)*. Ces mesures seront effectuées à l'aide d'un colorimètre.

### 2.3.3.1- Mesure des paramètres colorimétriques (L\*a\* b\*)

L'objectif de ce test est de déterminer pour chaque échantillon teint ses coordonnées colorimétriques *(L\* a\* b\*)* dans l'espace *CIELAB*, puis d'évaluer la variation de chaque coordonnée.

### 2.3.3.2- Mesure du degré d'absorption (K/S)

Le degré d'absorption ou la profondeur de ton est un autre paramètre colorimétrique qui pourrait être utilisé afin de contrôler et évaluer l'opération de teinture. Ce paramètre peut être estimé en déterminant la réflectance $R$ de l'échantillon coloré par rapport au blanc absolu à une longueur d'onde bien déterminée. Kubelka et Munk [61] ont proposé une formule reliant la réflectance $R$ à la concentration $C$ en colorant selon :

$$\frac{(1-R)^2}{2 \times R} = k.C \ (Degré\ d'absorption)$$

Toutefois, deux échantillons teints avec le même colorant et avec la même concentration peuvent présenter un degré d'absorption différent. Ainsi, si on mouille à l'eau une partie d'un échantillon teint, cette partie apparaîtra plus foncée pour une même quantité de colorant. Ce phénomène a été pris en considération en introduisant, dans la formule de Kubelka-Munk un facteur S dit facteur de diffusion lumineuse ou coefficient de diffusion. Ce facteur varie avec toute modification de la structure de la fibre ou de son environnement conduisant à une variation du degré d'absorption. Ainsi, on aura la formule suivante [61] :

$$K\!\!\Big/_{\!S} = \frac{(1-R)^2}{2 \times R} = a.C\!\!\Big/_{\!S}$$

Avec *(K/S)* le degré d'absorption, *a/S* le rendement coloristique, *a* une constante qui dépend du colorant et *K* le coefficient d'absorption.

Cependant, pour les fibres non teintes n'ayant pas un degré de blanc égal à 100%, il serait plus correct d'utiliser la valeur *(K/S) – (K/S)$_0$* .

$$\text{Avec} \quad (K\!\!\Big/_{\!S})_0 = \frac{(1-R_0)^2}{2 \times R_0}$$

$R_0$ étant la valeur de réflectance de l'échantillon non teint.

# 3- MISE AU POINT DES CONDITIONS EXPERIMENTALES DE LA REACTION DE REDUCTION DE L'INDIGO PAR LE BOROHYDRURE DE SODIUM

La nouvelle technique de réduction de l'indigo que nous avons élaborée consiste à réduire ce colorant de cuve par le borohydrure de sodium en présence de nickelate cyanure de potassium comme catalyseur et sans ajouter aucun alcali. Cette réaction de réduction est opérée à 55°C et sous atmosphère azote afin d'éviter toute oxydation de la forme réduite de l'indigo (forme leuco-indigo). Bien évidemment, le bain de réduction obtenu pourrait être utilisé comme un bain de teinture des échantillons de tissu en coton. Dans cette partie, nous allons essayer de décrire toutes les étapes qui ont amené à la mise au point de cette technique de réduction.

## 3.1- LA SYNTHESE DU CATALYSEUR

### 3.1.1- OBJECTIF

La réduction de l'indigo en utilisant le borohydrure de sodium n'est possible qu'en présence d'un catalyseur. En effet, la molécule d'indigo possède une grande stabilité due essentiellement à la forte conjugaison des ses atomes et à la présence des liaisons hydrogènes inter et intramoléculaires. Ainsi, la réduction de la fonction carbonyle de l'indigo par une hydrure devient très difficile. Nous ajoutons un catalyseur métallique permettant de créer des interactions électrostatiques avec l'atome d'oxygène de groupements carbonyles de l'indigo ce qui facilite l'addition de l'hydrure. Le catalyseur que nous allons utiliser est le nickelate cyanure de potassium de formule chimique $K_2Ni(CN)_4$. Le choix de ce catalyseur a été inspiré des études précédentes faites sur la réduction de certains colorants de cuve par le borohydrure de sodium [46,51-54]. Ce catalyseur n'est pas commercialisé et nous sommes amenés à le synthétiser dans notre laboratoire en utilisant la méthode de synthèse indiquée dans « Inorganic Synthesis » [62]. Cette méthode sera décrite dans la page 122.

### 3.1.2- SYNTHESE

La synthèse de nickelate cyanure de potassium $K_2Ni(CN)_4$ consiste à faire réagir le sulfate de Nickel $NiSO_4$ avec une solution de cyanure de potassium KCN. Cette synthèse passe par deux étapes principales [62] :

☞ La première consiste à préparer le cyanure de nickel $Ni(CN)_2$.

☞ La deuxième est la synthèse de $K_2Ni(CN)_4$ proprement dite à partir de $Ni(CN)_2$ déjà préparé dans la première étape.

### 3.1.2.1- La préparation de cyanure de nickel Ni(CN)₂

La préparation de $Ni(CN)_2$ est basée sur la réaction de synthèse suivante :

$$NiSO_4 \cdot 6H_2O \ + \ 2\,KCN \ \longrightarrow \ Ni(CN)_2 \ + \ K_2SO_4 \ + \ 6\,H_2O$$

### 3.1.2.2- La synthèse de nickelate cyanure de potassium [K₂Ni(CN)₄]

La préparation de $K_2Ni(CN)_4$ est basée sur la réaction de synthèse suivante :

$$Ni(CN)_2 + 2\,KCN + H_2O \longrightarrow K_2Ni(CN)_4.H_2O$$

### 3.1.3- PURIFICATION

Nous avons effectué des essais préliminaires sur la réduction de l'indigo par le borohydrure de sodium en utilisant ce catalyseur déjà synthétisé. Nous avons remarqué que les résultats obtenus ne sont pas les mêmes pour deux essais identiques. Cela signifie que nous avons des problèmes liés à la non reproductibilité des résultats. Ces problèmes pourraient être dus à la présence de grosses quantités d'impuretés dans le nickelate cyanure de potassium synthétisé. Il est intéressant de dire que dans « Inorganic Synthesis » [62], nous trouvons la technique de synthèse de nickelate cyanure de potassium. Toutefois, la technique de purification n'y figure pas. Ainsi, nous sommes amenés à entamer un nouveau travail expérimental de purification de notre catalyseur afin d'améliorer la qualité de nos résultats expérimentaux.

### 3.1.3.1- Identification des impuretés

Avant de commencer le travail expérimental de purification, il est important d'identifier la nature des impuretés présentes dans le nickelate cyanure de potassium déjà synthétisé. Nous avons trouvé que les problèmes de non reproductibilité des résultats pourraient être en fait causés par les impuretés issues des excès de réactifs non réagis. Les deux réactions de synthèse nous montre que dans le nickelate cyanure de potassium synthétisé nous pouvons trouver deux autres types de produits mélangés qui sont :

☞ Le cyanure de potassium KCN

☞ Le sulfate de potassium $K_2SO_4$

### 3.1.3.2- Elimination des impuretés

#### 3.1.3.2.1- Elimination du cyanure de potassium

Le cyanure de potassium est très soluble dans le chloroforme contrairement au nickelate cyanure de potassium $K_2Ni(CN)_4$ qui est insoluble dans ce solvant. Nous avons utilisé cette propriété pour éliminer le cyanure de potassium et récupérer notre catalyseur par filtration.

#### 3.1.3.2.2- Elimination du sulfate de potassium

C'est l'étape la plus difficile. En effet, le sulfate de potassium est soluble dans l'eau mais insoluble pratiquement dans tous les solvants organiques. Ainsi, la technique précédente n'est pas valable pour éliminer le sulfate de potassium. Nous avons essayé de faire la technique inverse. Cette technique consiste à dissoudre le catalyseur dans un solvant adéquat puis éliminer le sulfate de potassium par filtration. Des tests de solubilité ont montré que le nickelate cyanure de potassium est soluble dans le méthanol contrairement au sulfate de potassium qui y est insoluble. Nous avons utilisé cette propriété pour éliminer le sulfate de potassium puis récupérer notre catalyseur par extraction.

### 3.1.3.3- Conclusion

Ce cycle de purification : Filtration/extraction a été répété plusieurs fois afin d'obtenir un catalyseur de bonne pureté. A la fin de cette opération, nous avons obtenu des cristaux très fins de couleur jaune. Nous avons remarqué après une série d'essais préliminaires une amélioration très nette au niveau de la reproductibilité des résultats trouvés. Ainsi, les valeurs obtenues sont très proches pour des expériences identiques.

### 3.1.3- CARACTERISATION

Afin de s'assurer que le catalyseur synthétisé précédemment à partir de la littérature [62] est bien le nickelate cyanure de potassium $K_2Ni(CN)_4$, nous l'avons soumis à une analyse par diffraction des rayons X. La *Figure.II.20* présente le diffractogramme obtenu pour ce catalyseur synthétisé.

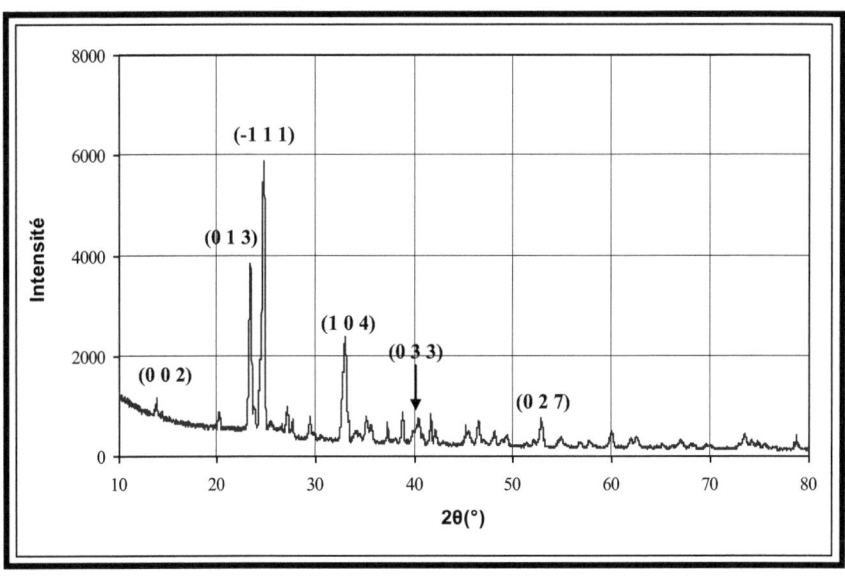

***Figure.II.1:*** *Diffractogramme du catalyseur synthétisé à partir de la littérature [62]*

En utilisant le programme Euracel [63], nous avons remarqué que le spectre de la *Figure.II.1* s'indexe très bien avec la maille du nickelate cyanure de potassium (système monoclinique) fournie par la littérature [64]. Cela prouve que nous avons bien le nickelate cyanure de potassium. L'indexation de diagramme RX du catalyseur synthétisé à partir de la littérature [62] est donnée dans le tableau suivant :

| h | k | l | $d_{ob}$ | $d_{cal}$ | $I/I_0$ (%) |
|---|---|---|---|---|---|
| 0 | 0 | 2 | 6,4290 | 6,4376 | 20,99 |
| 0 | 1 | 3 | 3,7906 | 3,7777 | 68,77 |
| -1 | 1 | 1 | 3,6465 | 3,6369 | 100 |
| 1 | 0 | 4 | 2,6502 | 2,6729 | 38,12 |
| 0 | 3 | 1 | 2,5156 | 2,5136 | 14,27 |
| -1 | 1 | 4 | 2,4097 | 2,4077 | 11,75 |
| 0 | 3 | 3 | 2,2083 | 2,2059 | 13,34 |
| 0 | 0 | 6 | 2,1670 | 2,1689 | 15,49 |
| 2 | 0 | 0 | 2,1453 | 2,1431 | 9,66 |
| -2 | 0 | 2 | 2,0062 | 2,0080 | 11,06 |
| 2 | 1 | 2 | 1,9922 | 1,9935 | 8,59 |
| 1 | 2 | 5 | 1,9533 | 1,9557 | 12,84 |
| 0 | 2 | 6 | 1,8917 | 1,8888 | 9,06 |
| 1 | 2 | 6 | 1,7547 | 1,7548 | 5,98 |
| -1 | 4 | 1 | 1,7307 | 1,7333 | 13,74 |
| 0 | 2 | 7 | 1,6714 | 1,6735 | 7,20 |
| -1 | 0 | 8 | 1,4969 | 1,4980 | 8,57 |
| 0 | 3 | 8 | 1,3728 | 1,3732 | 5,68 |
| 1 | 4 | 7 | 1,2880 | 1,2878 | 7,59 |
| -1 | 1 | 10 | 1,2147 | 1,2140 | 6,34 |
| 2 | 4 | 6 | 1,2119 | 1,2116 | 7,29 |

*Tableau.II.2: Diagramme RX de poudre du nickelate cyanure de potassium*

Après l'affinement des paramètres de maille relatifs à cet échantillon par la méthode de moindres carrés [65], nous avons obtenu les valeurs suivantes :

$a = 4,290(3)$ Å; $b = 7,685(6)$ Å ; $c = 13,027(7)$ Å ; $\alpha = 90°$ ; $\beta = 87,340(14)°$ ; $\gamma = 90°$

Le groupe d'espace est *P21/c*.

Nous remarquons que ces paramètres de maille affinés sont très proches de ceux fournis par la littérature [64] et qui sont égaux :

$a = 4,294(4)$ Å; $b = 7,68(8)$ Å ; $c = 13,03(1)$ Å ; $\alpha = 90°$ ; $\beta = 87,270(17)°$ ; $\gamma = 90°$

Le groupe d'espace est *P21/c*.

Ce résultat confirme que le composé préparé selon le mode opératoire indiqué en « Inorganic Synthesis » [62] est bien le nickelate cyanure de potassium $K_2Ni(CN)_4$.

## 3.2- MISE AU POINT DES METHODES D'EVALUATION DES PERFORMANCES DE LA REDUCTION DE L'INDIGO PAR LE BOROHYDRURE DE SODIUM

Pour évaluer les performances de la réduction de l'indigo par le borohydrure de sodium, nous avons employé deux méthodes différentes :

☞ Méthode potentiométrique : Nous avons réussi à mettre au point une technique potentiomètrique pour mesurer la concentration de leuco-indigo (forme leuco-dérivée de l'indigo) dans le bain de réduction. Ceci nous a permis de déterminer le rendement de la réaction de réduction. La technique élaborée est inspirée de celle utilisée dans le cas de la réduction de l'indigo par le dithionite de sodium et citée précédemment « *2.3.2.1-* ».

☞ Méthode colorimétrique : Nous avons effectué la teinture des échantillons en coton dans le bain obtenu après réduction. La qualité de cette teinture a été évaluée par des mesures colorimétriques.

### 3.2.1- METHODE POTENTIOMETRIQUE

#### *3.2.1.1- Détermination du rendement de la réduction*

La réduction de l'indigo par le borohydrure de sodium se fait probablement selon un mécanisme d'addition Nucléophile 1,2. La forme leuco-indigo majoritaire qui pourrait exister dans le bain de réduction est une forme Monoalcoolate (La séparation et la caractérisation de cette forme sont décrites dans la référence [66].

*Forme Monoalcoolate*

Le titrage avec le ferricyanure de potassium que nous avons développé pour la détermination de la concentration de leuco-indigo dans le bain de teinture est basé sur l'équation de la réaction suivante [58,67]:

*Forme Monoalcoolate*                    *Indigo*

Soient :

$N1$ : Nbre de moles de leuco-indigo

$N2$ : Nbre de moles de $[Fe(CN)_6]^{-3}$ ajouté

$C1$ : Concentration molaire de leuco-indigo (en $mol.l^{-1}$)

$C2$ : Concentration molaire de $[Fe(CN)_6]^{-3}$ ajouté ; $C2 = 5.10^{-2} mol.l^{-1}$

$V1$ : Volume de leuco-indigo en litre, $v1$ (en ml) = 20ml

$V2$ : Volume de $[Fe(CN)_6]^{-3}$ ajouté en litre, $v2$ (en ml)

A l'équivalence nous aurons :

*Nbre de mole de leuco-indigo* $= \frac{1}{2} \times$ *Nbre de mol $[Fe(CN)_6]^{-3}$ ajouté*

C'est à dire : $N1 = \frac{1}{2} \times N2$

Or nous savons que $N1 = C1 \times V1$ et $N2 = C2 \times V2$

Nous aurons donc :

$$C1 \times V1 = \frac{1}{2} \times C2 \times V2$$

Soit :
$$C1 = \frac{C2 \times V2}{2 \times V1}$$

$$C1 = \frac{5.10^{-2} \times 10^{-3} \times v2(ml)}{2 \times 20 \times 10^{-3}}$$

$$C1 = 1,25.10^{-3} \times v2$$

$$\underline{C1(mol.l^{-1}) = 1,25.10^{-3} \times v2(ml)}$$

Nous définirons le rendement de la réaction $R(\%)$ :

$$R(\%) = \frac{Q_{li} \times 100}{Q_{in}}$$

Avec :

$Q_{in}$ : Quantité d'indigo mise dans le réacteur au début (en mol)

$Q_{li}$ : Quantité de leuco-indigo obtenue à la fin de réaction (en mol)

Or $Q_{li} = C1 \times V_T$

Avec $V_T$ : Volume total de l'eau dans le réacteur en litre

Nous avons par la suite : $R(\%) = \dfrac{C1 \times V_T \times 100}{Q_{in}}$

$$R(\%) = \dfrac{1{,}25.10^{-3} \times v2(ml) \times V_T \times 100}{Q_{in}}$$

### 3.2.1.2- Calcul des incertitudes

☞ Calcul de l'incertitude correspondant à la concentration de leuco-indigo

Comme nous l'avons signalé précédemment, nous avons :

$$C1 \times V1 = \tfrac{1}{2} \times C2 \times V2$$

Soit :
$$C1 = \dfrac{C2 \times V2}{2 \times V1} \quad \text{(Expression 1)}$$

Avec :

$C1$ : Concentration molaire de leuco-indigo (en mol.l$^{-1}$)

$C2$ : Concentration molaire de [Fe (CN)$_6$]$^{-3}$ ajouté ; $C2 = 5.10^{-2}$ mol.l$^{-1}$

$V1$ : Volume de leuco-indigo en litre, $v1$ (en ml) = 20 ml

$V2$ : Volume de [Fe (CN)$_6$]$^{-3}$ ajouté en litre, $v2$ (en ml)

La concentration $C1$ dépend des deux mesures $V1$ et $V2$ qui sont indépendantes. Elle pourrait s'écrire comme suit : $C1(V1, V2)$. Si nous faisons la différentielle de cette fonction nous obtenons :

$$dC1 = \left(\frac{\partial C1}{\partial V1}\right)_{V2} dV1 + \left(\frac{\partial C1}{\partial V2}\right)_{V1} dV2$$

L'expression 1 est du type produit. Pour déterminer sa différentielle, il est commode d'utiliser une différenciation logarithmique :

$$C1 = \frac{C2 \times V2}{2 \times V1}$$

$$Ln(C1) = Ln\left(\tfrac{1}{2}\right) + Ln(C2) + Ln(V2) - Ln(V1)$$

Si nous appliquons la différentielle à cette dernière expression, nous obtenons :

$$\frac{dC1}{C1} = \frac{dV2}{V2} - \frac{dV1}{V1}$$

Passons maintenant à la détermination de l'incertitude absolue. Ceci consiste à prendre la somme des valeurs absolues :

$$\frac{\Delta C1}{C1} = \frac{\Delta V2}{V2} + \frac{\Delta V1}{V1}$$

$$\Delta C1 = \left(\frac{\Delta V2}{V2} + \frac{\Delta V1}{V1}\right) \times C1$$

Nous avons réalisé toutes nos mesures de volume en ml. Alors, en tenant compte de cela nous obtenons :

$$\Delta C1 = \left(\frac{\Delta v2}{v2} + \frac{\Delta v1}{v1}\right) \times C1$$

Nous avons fait le prélèvement de $v1 = 20$ ml à l'aide d'une micropipette de type Multipette®Plus fournie par la société Eppendorf (Allemagne). La seringue utilisée est de capacité 10 ml (elle était utilisée 2 fois pour mesurer ce volume). Le fournisseur estime son incertitude à ± 0,4% du volume maximum.

Par conséquent, nous aurons : $\Delta v1 = \dfrac{0,4 \times 10 \times 2}{100} = 0,08 ml$

Pour le volume de ferricyanure de potassium $v2$, nous avons utilisé la micropipette, mais avec une seringue de capacité 1 ml. Le fournisseur estime son incertitude à ± 0,6% du volume maximum.

Ainsi, nous aurons : $\Delta v2 = \dfrac{0,6 \times v2}{100} = 0,6 \times v2 \times 10^{-2}$

Nous trouvons donc : $\Delta C1 = \left( \dfrac{0,6 \times v2 \times 10^{-2}}{v2} + \dfrac{0,08}{20} \right) \times C1$

$$\Delta C1 = (0,006 + 0,004) \times C1$$

Et finalement nous obtenons : $\Delta C1 = 0,01 \times C1$

☞ Calcul de l'incertitude correspondant au rendement de la réaction de réduction

Nous savons que : $R(\%) = \dfrac{C1 \times V_T \times 100}{Q_{in}}$

Avec comme :

$R(\%)$ : Rendement de la réaction de réduction

$C1$ : Concentration molaire de leuco-indigo (en mol.l$^{-1}$)

$V_T$ : Volume total de l'eau dans le réacteur en litre

$Q_{in}$ : Quantité de l'indigo mise dans le réacteur au début (en mol)

Or nous savons que $Q_{in} = \dfrac{m_{in}}{M_{in}}$

Avec

$m_{in}$ : Masse de l'indigo mis dans le réacteur (en g)

$M_{in}$ : Masse molaire de l'indigo (en g.mol$^{-1}$)

Nous remplaçons $Q_{in}$ par sa valeur dans l'expression du rendement, nous obtenons donc :

$$R(\%) = \frac{C1 \times V_T \times 100 \times M_{in}}{m_{in}} \qquad \text{(Expression 2)}$$

Le rendement $R(\%)$ dépend des deux mesures $C1$ et $V_T$ qui sont indépendantes. Il pourrait s'écrire comme suit $R(C1, V_T)$. Si nous faisons la différentielle de cette fonction, nous obtenons alors :

$$dR = \left(\frac{\partial R}{\partial C1}\right)_{V_T} dC1 + \left(\frac{\partial R}{\partial V_T}\right)_{C1} dV_T$$

L'expression 2 est du type produit. Pour déterminer sa différentielle, il est commode d'utiliser une différenciation logarithmique :

$$R = \frac{C1 \times V_T \times 100 \times M_{in}}{m_{in}}$$

$$Ln(R) = Ln(C1) + Ln(V_T) + Ln(100) + Ln(M_{in}) - Ln(m_{in})$$

Si nous appliquons le calcul différentiel à cette dernière expression, nous obtenons :

$$\frac{dR}{R} = \frac{dC1}{C1} + \frac{dV_T}{V_T} - \frac{dm_{in}}{m_{in}}$$

$M_{in}$ est une constante donc son différentiel est nul.

Passons maintenant à la détermination de l'incertitude absolue. Ceci consiste à prendre la somme des valeurs absolues :

$$\frac{\Delta R}{R} = \frac{\Delta C1}{C1} + \frac{\Delta V_T}{V_T} + \frac{\Delta m_{in}}{m_{in}}$$

Nous aurons donc : $$\Delta R = \left( \frac{\Delta C1}{C1} + \frac{\Delta V_T}{V_T} + \frac{\Delta m_{in}}{m_{in}} \right) \times R$$

Or nous avons trouvé précédemment que :

$$\Delta C1 = 0,01 \times C1$$

Nous aurons donc: $$\frac{\Delta C1}{C1} = 0,01$$

Pour la mesure de $V_T = 170$ ml, nous avons utilisé une éprouvette de 100 ml. Son incertitude est estimée à $\pm 1$ ml (utilisé 4 fois pour mesurer ce volume). Par ailleurs, pour la mesure de la masse de l'indigo, nous avons employé une balance dont l'incertitude est égale à $\pm 10^{-3}$ g.

Nous trouvons alors : $$\Delta R = \left( 0,01 + \frac{4}{170} + \frac{10^{-3}}{0,34} \right) \times R$$

$$\Delta R = (0,01 + 0,023 + 0,0029) \times R$$

$$\Delta R = 0,036 \times R$$

### 3.2.2- METHODE COLORIMETRIQUE

La méthode colorimétrique consiste à mesurer directement les paramètres colorimétriques *(L\* a\* b\*)* et le degré d'absorption *(K/S)* sur un échantillon en coton teint dans le bain de réduction préparé.

Pour la détermination de la valeur du degré d'absorption *(K/S)*, la réflectance $R$ des échantillons a été mesurée à 660 nm (la longueur d'onde qui correspond à la valeur maximale d'absorption), puis transférée en valeur de *(K/S)* en se basant toujours sur la formule de Kubelka-Munk [61] décrite précédemment et les travaux d'Etters [68,69].

**Remarque :**

Il est intéressant de signaler que pour des rendements tinctoriaux très élevés (c'est-à-dire pour des valeurs du degré d'absorption *(K/S)* très importantes), certains auteurs [70] ont remarqué un déplacement de la longueur d'absorption maximale vers des longueurs d'onde inférieures à 660 nm. Par conséquent, les valeurs du degré d'absorption *(K/S)* déterminées à l'aide de la méthode précédente deviennent incorrectes. Afin d'estimer le rendement tinctorial exact dans ces conditions, ces auteurs [70] ont proposé une nouvelle méthode plus adaptée et basée sur la détermination de l'intégrale de *(K/S)* entre 400 et 700 nm. La nouvelle formule proposée est la suivante [70,71] :

$$Integ = \sum_{\lambda=400}^{700} \left[ \left( \frac{K}{S} \right)_{\lambda} E_{\lambda} \left( \overline{x}_{\lambda} + \overline{y}_{\lambda} + \overline{z}_{\lambda} \right) \right]$$

Avec :

$\lambda$ : Longueur d'onde

$E_{\lambda}$ : La répartition de l'énergie spectrale de l'illuminant $D_{65}$.

$\overline{x}_{\lambda}$ , $\overline{y}_{\lambda}$ et $\overline{z}_{\lambda}$ : Les composantes trichromatiques spectrales de l'observateur standard.

*Integ* : L'Intégrale de *(K/S)* mesurée avec la répartition de l'énergie spectrale de l'illuminant $D_{65}$ et les composantes trichromatiques de l'observateur standard dans le spectre visible.

Lors de notre étude, nous avons remarqué que pour tous les échantillons teints analysés, le degré d'absorption maximal est toujours situé à la longueur d'onde 660 nm. Ainsi, il est possible d'évaluer la qualité de la teinture obtenue avec la même méthode décrite précédemment, et mentionnée dans les travaux d'Etters [68,69].

## 3.3- MISE AU POINT DE LA METHODE D'EVALUATION DE LA REACTION DE L'HYDROLYSE DE BOROHYDRURE DE SODIUM

Dans le milieu réactionnel, la réaction de réduction de l'indigo par le borohydrure de sodium est toujours accompagnée avec d'une réaction concurrente à savoir l'hydrolyse du borohydrure de sodium.

Dans notre cas, nous avons remarqué que cette réaction secondaire entre le borohydrure de sodium et l'eau provoque une perte d'eau du volume total du bain. Il serait très intéressant d'estimer cette perte pendant l'évaluation des performances de la réaction de réduction de l'indigo par le borohydrure de sodium (*Figure.II.2*).

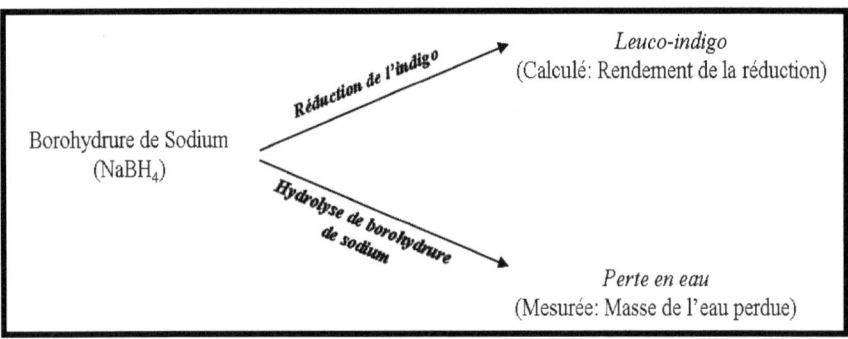

*Figure.II.2: Les principales réactions mises en jeu dans le milieu réactionnel*

Afin d'estimer cette perte, nous avons ajouté de l'eau distillée jusqu'à avoir le volume de départ (marqué par un trait), et nous avons mesuré cette quantité d'eau distillée ajoutée $V$(en ml) et la hauteur correspondante $l$(en cm). La masse de cette quantité d'eau ajoutée $m$(en g) est calculée en prenant l'hypothèse que 1000 ml d'eau distillée pèsent 1000 g.

Cette valeur de volume est déterminée d'une façon visuelle. Elle présente donc inévitablement une incertitude. Il est impératif de déterminer dans ce cas l'incertitude sur cette valeur.

Soient :

$V$ : Volume d'eau distillée ajouté (en ml) pour compenser la perte en eau

$m$ : Masse du volume d'eau distillée ajouté (en g) pour compenser la perte en eau

$l$ : Hauteur correspondant à ce volume d'eau distillée ajouté (en cm)

$r$ : Rayon intérieur du réacteur (en cm)

$$V = l \times \Pi \times r^2 \text{ (Expression 3)}$$

Le volume $V$ dépend des deux mesures l et r qui sont indépendantes. Il pourrait s'écrire comme suit $V(l,r)$. Si nous faisons la différentielle de cette fonction, nous obtenons :

$$dV = \left(\frac{\partial V}{\partial l}\right)_r dl + \left(\frac{\partial V}{\partial r}\right)_l dl$$

L'expression 3 est du type produit. Pour déterminer sa différentielle, nous utilisons une différenciation logarithmique :

$$V = l \times \Pi \times r^2$$

$$Ln(V) = Ln(l) + Ln(\Pi \times r^2)$$

$$Ln(V) = Ln(l) + Ln(\Pi) + 2 \times Ln(r)$$

Si nous appliquons le calcul différentiel à cette dernière expression, nous obtenons :

$$\frac{dV}{V} = \frac{dl}{l} + 2 \times \frac{dr}{r}$$

Passons maintenant à la détermination de l'incertitude absolue qui consiste à prendre la somme des valeurs absolues :

$$\frac{\Delta V}{V} = \frac{\Delta l}{l} + 2 \times \frac{\Delta r}{r}$$

$$\Delta V = \left( \frac{\Delta l}{l} + 2 \times \left( \frac{\Delta r}{r} \right) \right) \times V$$

Les mesures de $l$ et $r$ sont déterminées à l'aide d'une règle. Les erreurs de leurs mesures $\Delta l$ et $\Delta r$ sont estimées à 0,05 cm.

$r = 4{,}58$ cm

$\Delta l = \Delta r = 0{,}05$ cm

$$\Delta V = \left( \frac{0{,}05}{l} + 2 \times \left( \frac{0{,}05}{4{,}58} \right) \right) \times V$$

$$\Delta V(ml) = \left( \frac{0{,}05}{l} + 0{,}0218 \right) \times V$$

Les valeurs de $l$ et $V$ sont déterminées après chaque expérience. La masse $m(g)$ de ce volume $V(ml)$ est calculée en prenant l'hypothèse que 1000 ml d'eau distillée pèsent 1000 g.

La masse de cette incertitude de volume est donnée par la formule suivante :

$$\Delta m(g) = \left( \frac{0{,}05}{l} + 0{,}0218 \right) \times m$$

## 4- ETUDE DE L'EVOLUTION DES PARAMETRES EXPERIMENTAUX AU COURS DE LA REDUCTION DE L'INDIGO PAR LE BOROHYDRURE DE SODIUM

Tous les résultats ci-dessous ont été obtenus avec une réaction de réduction élaborée dans les conditions expérimentales suivantes : (Volume total du milieu réactionnel = 170 ml ; [Indigo] = $7{,}62.10^{-3}$ mol.l$^{-1}$ ; [NaBH$_4$] = $5{,}29.10^{-2}$ mol.l$^{-1}$ ; [K$_2$Ni(CN)$_4$] = 1% ; [NaOH] = 0 mol.l$^{-1}$ ; T = 55°C).

## 4.1- EVOLUTION DU POTENTIEL REDOX DU MILIEU REACTIONNEL AVANT & AU COURS DE LA REACTION DE REDUCTION

Nous avons étudié au début l'effet de l'ajout des réactifs chimiques sur le potentiel redox initial du milieu avant le commencement de la réaction de réduction de l'indigo par le borohydrure de sodium. Les résultats de cette étude sont illustrés dans le *Tableau.II.3*. A travers ce tableau, nous remarquons que l'ajout de l'indigo et du nickelate cyanure de potassium ont contribué à la diminution du potentiel redox initial du milieu réactionnel. Par ailleurs, nous enregistrons une forte chute du potentiel redox vers des potentiels négatifs lors de l'ajout de $NaBH_4$. Ceci révèle parfaitement les propriétés électrochimiques réductrices de ce réactif.

| Réactifs chimiques ajoutés | Potentiel mesuré (en mV) |
|---|---|
| Eau distillée initiale | +308 |
| Après l'ajout de l'indigo | +225 |
| Après l'ajout de $K_2Ni(CN)_4$ | +51 |
| Après l'ajout de $NaBH_4$ | -880 |

*Tableau.II.3*: *Evolution du potentiel redox initial avec l'ajout des réactifs chimiques avant le commencement de la réaction de réduction*

Le potentiel redox du milieu réactionnel au cours de temps après l'ajout du borohydrure de sodium a été aussi suivi. Les mesures de potentiel redox sont prises chaque 2 ou 3 min. Les résultats de cette étude sont présentés dans la *Figure.II.3*. Dans cette figure, nous remarquons qu'après l'ajout du borohydrure de sodium, le potentiel redox de la réaction de réduction évolue selon trois phases. La première phase correspond à une quasi stabilité du potentiel où celui-ci augmente très légèrement jusqu'à 70 minutes. La deuxième phase est située entre 70 et 90 minutes. Au cours de cette phase, le potentiel redox augmente très rapidement par rapport à la première phase. La troisième phase est enregistrée au delà de 90 minutes. Dans cette phase, nous observons une deuxième quasi stabilité du potentiel redox. Ceci prouve probablement la fin de la réaction de réduction de l'indigo par le borohydrure de sodium. Il est intéressant de signaler que la fin de la réaction a été supposée et notée au moment où le potentiel redox commence la troisième phase.

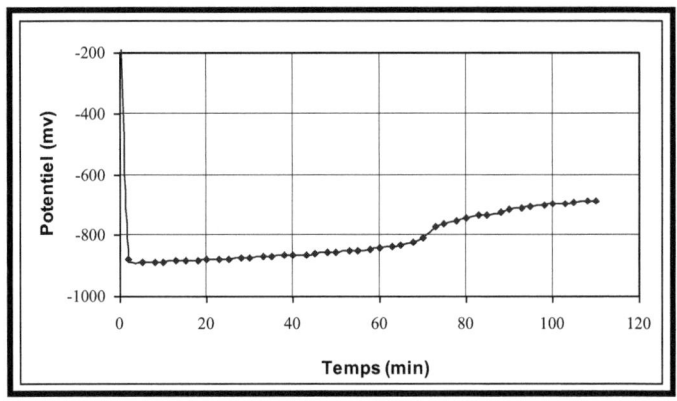

**Figure.II.3:** *Evolution du potentiel redox du milieu réactionnel de la réduction au cours de temps*

## 4.2- EVOLUTION DU pH DU MILIEU REACTIONNEL AVANT & AU COURS DE LA REACTION DE REDUCTION

Nous avons étudié l'effet de l'ajout des réactifs chimiques sur le pH initial avant le commencement de la réaction de réduction de l'indigo par le borohydrure de sodium. Tous les résultats de cette étude sont présentés dans la **Figure.II.4**. Dans cette figure, nous remarquons que l'ajout du borohydrure de sodium et du nickelate cyanure de potassium ont conduit à

116

une augmentation du pH initial du milieu. Ces deux réactifs se caractérisent par des propriétés basiques. Leur ajout contribue à l'augmentation de la basicité du milieu réactionnel.

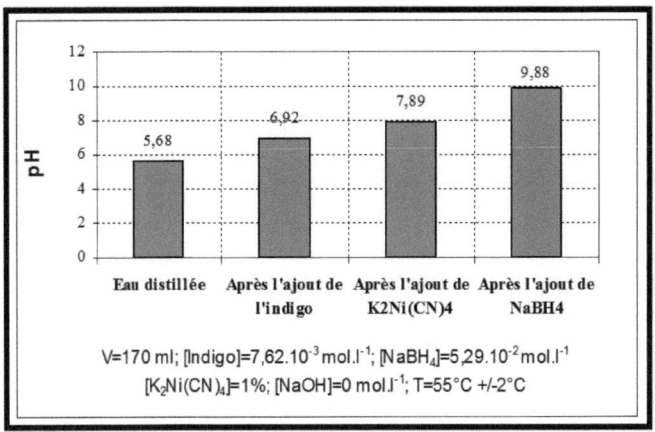

**Figure.II.4:** *Evolution du pH initial avec l'ajout des réactifs chimiques avant le commencement de la réaction de réduction*

Nous avons également étudié l'évolution de pH du milieu réactionnel de la réduction en fonction du temps après l'ajout du borohydrure de sodium. Les mesures de pH sont prises chaque 2 ou 3 min. Les résultats de cette étude sont rapportés dans la **Figure.II.5**.

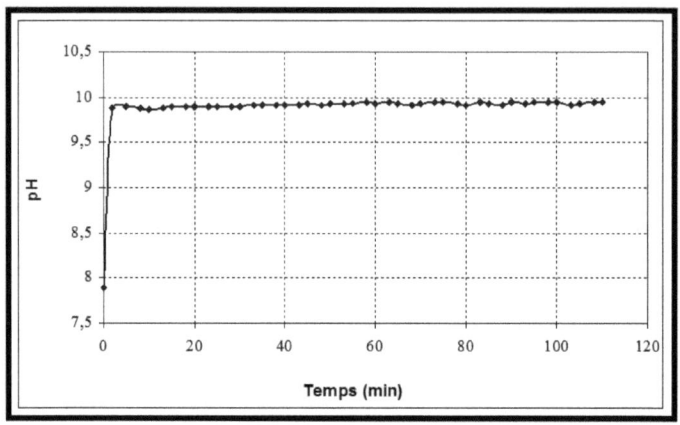

*Figure.II.5:* Evolution de pH du milieu réactionnel de la réduction
au cours de temps

Dans cette figure, nous remarquons qu'après l'ajout du borohydrure de sodium, le pH du milieu augmente légèrement au cours du temps. Ceci est probablement dû à la diminution de la quantité du borohydrure de sodium dans le mélange réactionnel qui réagit pour conduire à la formation des leuco-indigo et des formes de borates. Ces dernières se caractérisent par des propriétés basiques [7,72,73].

## 4.3- EVALUATION DE LA REDUCTION DE L'INDIGO PAR LE BOROHYDRURE DE SODIUM

### 4.3.1- DETERMINATION DU RENDEMENT DE LA REDUCTION

La courbe de dosage potentiomètrique de la solution de leuco-indigo (*Figure.II.6*) nous donne un volume d'équivalence de ferricyanure de potassium $v2 = 3,225$ ml.

En se basant sur les calculs mentionnés en « **3.2.1** », nous obtenons :

*La concentration de leuco-indig : C1 = 2.10⁻³ mol.l⁻¹± 0,02.10⁻³ (0,526 g.l⁻¹*
± 0,0053)

*Le rendement de la réduction : R (%) = 52,86% ± 1,9%*

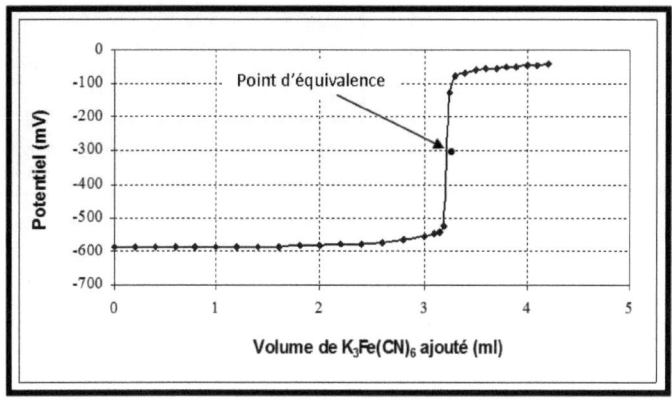

**Figure.II.6:** *Courbe de titrage potentiomètrique*
*de leuco-indigo (forme réduite)*

**4.3.2- EVALUATION TINCTORIALE**

La solution obtenue après réduction de l'indigo par le borohydrure de sodium contenant une concentration en leuco-indigo (forme réduite de l'indigo) égale 2.10⁻³ mol.l⁻¹ (0,528 g.l⁻¹) a été utilisée comme bain de teinture pour un échantillon de coton blanchi. La méthode de teinture utilisée est « 6 dip-6 nip ». Elle consiste à faire imprégner et sortir le tissu à teindre 6 fois dans la solution obtenue. La durée de chaque imprégnation dans la solution est fixée à 30 secondes, alors que la durée de l'oxydation à l'air est fixée à une minute. L'échantillon de coton obtenu après cette teinture est présenté à la **Figure.II.8**. Les mesures colorimétriques faites sur cet échantillon de coton teint sont :

$L* = 31,6$ ; $a* = 0,16$ ; $b* = -22,67$

$(K/S) = 12,75$

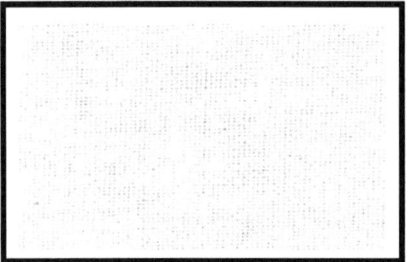 

| | |
|---|---|
| **Figure.II.7:** *Echantillon de coton Blanchi* | **Figure.II.8:** *Echantillon de coton teint dans un bain de teinture de concentration de leuco-indigo de* $2.10^{-3}$ $mol.l^{-1}$ ($0,526$ $g.l^{-1}$) |

## 4.4- ESTIMATION DES PERTES EN EAU

Pour la réaction de réduction réalisée, le volume d'eau distillée ajouté pour compenser la perte due essentiellement à l'hydrolyse du borohydrure de sodium et la hauteur correspondant sont :

$V = 53$ ml

$l = 0,75$ cm

En se basant sur les calculs mentionnés en « **3.3** », nous obtenons :

$m = 53$ g et $\Delta m = 4,688$ g.

## 5- CONCLUSION

Dans ce chapitre, nous avons montré qu'il est possible de réduire l'indigo par le borohydrure de sodium en présence de nickelate cyanure de potassium et en l'absence d'un agent alcalin. La stabilité de la forme réduite obtenue de l'indigo dans ces conditions nous laisse penser qu'elle est certainement différente du point de vue structure chimique de celle obtenue par réduction classique avec le dithionite de sodium (forme biénolate) qui exige l'ajout d'un alcali dans le milieu de réduction. L'étude de cette nouvelle forme sera menée ultérieurement.

Par ailleurs, afin d'évaluer les performances de la réduction de l'indigo par $NaBH_4$, deux techniques de contrôle ont été mises au point. La première technique est une technique de titrage potentiométrique de la forme réduite de l'indigo par le ferricyanure de potassium. La deuxième technique est une méthode de teinture de coton consistant en un procédé « 6 dip-6 nip » utilisée afin d'évaluer le rendement tinctorial du bain d'indigo obtenu après réduction par le borohydrure de sodium. La qualité de cette teinture a été appréciée par la mesure du degré d'absorption *(K/S)* et des paramètres colorimétriques *CIELAB* (*L\* a\* b\**) sur les échantillons de coton teintés.

Lors de la réduction de l'indigo par le borohydrure de sodium, une deuxième réaction concurrente a eu lieu. C'est la réaction d'hydrolyse du borohydrure de sodium qui provoque une perte d'eau du volume total du réacteur. Afin d'estimer cette réaction, nous avons ajusté le volume total du bain par ajout d'eau distillée. La mesure de cette quantité d'eau ajoutée nous a donné une idée sur l'ampleur de cette réaction secondaire.

Une étude expérimentale sur un exemple de cette réaction de réduction a été faite dans des conditions bien définies. L'effet de l'ajout des différents réactifs sur le pH et le potentiel initiaux de milieu a été étudié. L'évolution au cours du temps, du pH et du potentiel redox du milieu après l'ajout du réducteur ont été aussi analysée. Les performances de cette réaction de réduction ont été également déterminées à l'aide de deux techniques de contrôle citées précédemment.

# 6- MATERIELS & TECHNIQUES EXPERIMENTALES

## 6.1- SYNTHESE DU CATALYSEUR (NICKELATE CYANURE DE POTASSIUM)

### 6.1.1- REACTIFS & MATERIEL

**Sulfate de nickel (hydraté six fois) :** C'est un sel. Sa formule chimique est $NiSO_4.6H_2O$. Il est fourni par la société Fluka (Allemagne). Sa pureté est supérieure à 99%.

**Cyanure de potassium :** C'est un sel. Sa formule chimique est KCN. Il est fourni par la société Prolabo (France). Sa pureté est 96%.

**Méthanol :** Sa formule chimique est $CH_3OH$. Il est fourni par la société Chimi-Pharma (Tunisie). Il est d'une qualité technique.

**Chloroforme :** Sa formule chimique est $CHCl_3$. Il est fourni par la société Chimi-Pharma (Tunisie). Il est d'une qualité technique.

**Evaporateur rotatif :** L'évaporateur rotatif utilisé dans cette manipulation est de type Heidolph W 2000 (Allemagne).

### 6.1.2- MODE OPERATOIRE DE LA SYNTHESE [62]

#### *6.1.2.1- Préparation du cyanure de nickel Ni(CN)₂*

Une masse de 60 g de sulfate de nickel ($NiSO_4. 6H_2O$) est dissoute dans 200 ml d'eau distillée. A cette solution, nous ajoutons lentement 70 ml d'une solution contenant 29,7 g de cyanure de potassium (KCN). Nous constatons l'apparition rapide d'un composé vert pale qui précipite. C'est le cyanure de nickel $Ni(CN)_2$.

La réaction de synthèse est la suivante :

$$NiSO_4.6H_2O \; + \; 2\,KCN \longrightarrow Ni(CN)_2 \; + \; K_2SO_4 \; + \; 6\,H_2O$$

### 6.1.2.2- La synthèse de nickelate cyanure de potassium K₂Ni(CN)₄

Une masse de 29,2 g du cyanure de potassium KCN est dissoute dans 30 ml d'eau distillée. A cette solution, nous ajoutons lentement la quantité du cyanure de nickel $Ni(CN)_2$ déjà synthétisé dans la première étape. Le cyanure de nickel $Ni(CN)_2$ est alors dissout en formant une solution de couleur rouge brillante. Cette solution est ensuite chauffée. Nous l'avons la laissé ensuite refroidir jusqu'à l'apparition de petits cristaux de $K_2Ni(CN)_2$.

La réaction de synthèse est la suivante :

$$Ni(CN)_2 + 2\,KCN + H_2O \longrightarrow K_2Ni(CN)_4.H_2O$$

### 6.1.2.3- Purification

#### 6.1.2.3.1- Elimination du cyanure de potassium

Nous avons mis les cristaux de nickelate cyanure de potassium déjà synthétisés dans un récipient rodé contenant le chloroforme et muni d'un réfrigérant. Nous avons chauffé le mélange jusqu'à ébullition (T = 62°C).

A la fin, nous avons récupéré le nickelate cyanure de potassium par filtration et nous l'avons séché.

#### 6.1.2.3.2- Elimination du sulfate de potassium

Nous avons mis le nickelate cyanure de potassium déjà purifié du cyanure de potassium KCN dans un récipient rodé contenant le méthanol et muni d'un réfrigérant. Nous avons chauffé le mélange jusqu'à ébullition (T = 65°C) pendant une heure. Nous avons remarqué qu'une poudre blanche se dépose au fond du récipient : c'est le sulfate de potassium alors que le solvant change de couleur, il devient légèrement jaune : c'est le catalyseur qui s'est dissout dans le méthanol. Enfin, le nickelate cyanure de potassium est récupéré après évaporation de méthanol en utilisant un évaporateur rotatif.

Ce cycle de purification : Filtration/extraction a été répété plusieurs fois afin d'obtenir un catalyseur de pureté élevée. A la fin de cette opération, nous avons obtenu des cristaux très fins de couleur jaune.

### 6.1.3- CARACTERISATION DU CATALYSEUR PAR DIFFRACTION DES RAYONS X

L'analyse par diffraction des rayons X du catalyseur préparé a été effectuée au moyen d'un diffractomètre type Philips X-pert (Nederland), couplé à des micro-ordinateurs pour le stockage et le traitement des données. Le balayage angulaire est effectué selon un enregistrement rapide de l'ordre de 1°/sec.

## 6.2- MISE AU POINT DU PROTOCOLE OPERATOIRE DE LA REACTION DE REDUCTION DE L'INDIGO PAR LE BOROHYDRURE DE SODIUM

### 6.2.1- REACTIFS & APPAREILLAGES

#### 6.2.1.1- Réactifs chimiques

**Borohydrure de sodium n°1:** C'est l'agent réducteur utilisé. Nous avons utilisé dans ce chapitre la première qualité commerciale fournie par la société Finnish Chemicals OY (Finlande) sous la marque Hydrifin®. Sa formule chimique est $NaBH_4$ et sa pureté est supérieure à 98%.

**Indigo :** C'est le colorant utilisé (C.I. Vat Blue1). Il est fourni par la société Bezema (Suisse) sous forme de poudre. Sa formule chimique est $C_{16}H_{10}O_2N_2$. Il est d'une qualité technique.

**Nickelate cyanure de potassium :** C'est le catalyseur utilisé pour activer l'action de réducteur. Nous l'avons synthétisé selon la méthode de synthèse indiquée dans « Inorganic Synthesis » [62] et purifié selon la technique élaborée précédemment.

### 6.2.1.2- *Matériels*

**Potentiomètre :** Les mesures du potentiel redox dans le réacteur chimique ont été faites avec un potentiomètre type Metrohm pH-meter 744 (Suisse) équipé d'une électrode en platine et une électrode de référence (Ag/AgCl, 3M KCl).

**pH-Mètre :** Les mesures du pH dans le milieu réactionnel ont été faites avec un pH-mètre type Knick pH-Meter 765 Calimatic (Allemagne).

### 6.2.2- PROTOCOLE OPERATOIRE DE LA REDUCTION

Dans un réacteur chimique de 500 ml, fermé à l'aide d'une plaque de polystyrène à cinq entrées et muni d'un agitateur mécanique, d'une électrode de mesure du pH, d'une électrode en platine de mesure du potentiel et d'une électrode de référence (*Figure.II.9*), nous plaçons 125 ml d'eau distillée avec 0,34 g d'indigo et 0,0034 g ($1,41\times10^{-5}$ mol) de nickelate cyanure de potassium dissous dans 5 ml d'eau distillée.

Le contenu de réacteur est chauffé jusqu'à avoir la température désirée. Une fois cette température atteinte, nous mettons le réacteur sous aération d'azote et nous ajoutons une solution de 20 ml de borohydrure de sodium. Une petite effervescence et un dégagement d'hydrogène apparaissent. Après cinq minutes, nous ajoutons 20 ml d'eau distillée, et nous laissons le mélange réagir sous agitation vigoureuse. Quelques minutes plus tard, la coloration verdâtre commence à se manifester. Généralement, toutes les deux ou trois minutes, nous notons le pH et le potentiel redox. La fin de la réaction est marquée par l'épuisement total de la quantité du borohydrure de sodium mise dans le réacteur.

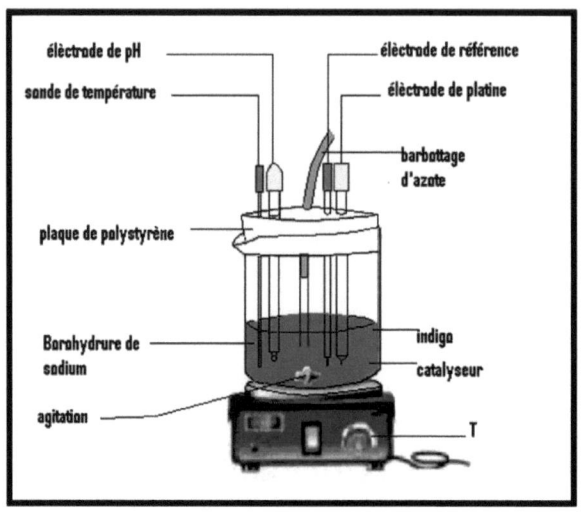

**Figure.II.9:** *Dispositif expérimental*

Cette fin est déterminée par deux indices : une disparition de la mousse de la surface du mélange et une quasi stabilité du potentiel redox du milieu réactionnel après une augmentation brusque. A ce moment là, nous arrêtons le courant d'azote, nous enlevons la plaque de polystyrène et les électrodes, et nous notons le temps de la fin de réduction. Puis, nous ajoutons l'eau distillée jusqu'à avoir le volume de départ et nous laissons le mélange sous agitation. Ensuite, nous prélevons 20 ml de la solution du réacteur pour le titrage potentiométrique.

## 6.3- MISE AU POINT DES METHODES D'EVALUATION DES PERFORMANCES DE LA REDUCTION DE L'INDIGO PAR LE BOROHYDRURE DE SODIUM

## 6.3.1- METHODE POTENTIOMETRIQUE DE DETERMINATION DU RENDEMENT DE LA REDUCTION

### 6.3.1.1- Réactifs & Matériels

**Setamol WS :** un agent dispersant fourni par la société BASF (Allemagne).

**Soude caustique :** C'est l'agent alcalin de formule chimique NaOH. Il est fourni par la société Kaustik JSC (Russie). Sa pureté est 99%.

**Ferricyanure de potassium :** C'est un oxydant. Sa formule chimique est $K_3Fe(CN)_6$. Il est fourni par la société Riede-deHaen (Allemagne). Sa pureté est au minimum 99%.

**Potentiomètre :** Les mesures du potentiel redox ont été faites avec un potentiomètre LPH230T pH-Tacussel (France) équipé d'une électrode combinée type Bioblock Scientific 90417 (Portugal).

### 6.3.1.2- Mode opératoire

La méthode que nous avons élaborée pour déterminer la concentration de bain en leuco-indigo et par suite le rendement de la réduction consiste tout d'abord à préparer une solution de 50 ml contient 1,2 g.l$^{-1}$ Setamol WS, et 4 g.l$^{-1}$ de soude caustique.

Cette solution est introduite dans un bécher de 100 ml muni d'un agitateur mécanique. Ensuite, nous mettons l'électrode de mesure. Puis, nous ajoutons l'huile de paraffine jusqu'à couvrir la totalité de la solution. A l'aide d'une seringue, nous prélevons 20 ml du bain de teinture à analyser, et nous l'introduisons dans le bécher au dessous de la couche huileuse.

Nous ajoutons progressivement à ce mélange et à l'aide d'une seringue une solution de ferricyanure de potassium de concentration 0,05 mol.l$^{-1}$ par fractions successives de 0,1 ml. Après chaque addition, nous homogénéisons la solution par agitation mécanique et nous notons la valeur du potentiel redox une fois que celui-ci s'est stabilisé. Le point d'équivalence est détecté lors d'une variation brusque du potentiel redox. La courbe de dosage est obtenue en traçant la variation du potentiel redox en fonction de volume du ferricyanure de potassium versé dans le bécher.

## 6.3.2- METHODE COLORIMETRIQUE POUR L'EVALUATION TINCTORIALE

### 6.3.2.1- Méthode de teinture

#### 6.3.2.1.1- Matière textile

Pour nos essais de teinture, nous avons utilisé des échantillons d'un tissu 100% coton dont les dimensions sont 10 cm × 10 cm (*Figure.II.7*). Le tissu nous a été fourni par la Société Industrielle des Textiles - SITEX (Tunisie). Il possède les caractéristiques suivantes :

**Fil de chaîne :**

    Composition           : 100% Coton

    Type de fil (Filature) : Open End

    Titrage              : Nm = 10,5

**Fil de trame :**

    Composition           : 100% Coton

    Type de fil (Filature) : Open End

    Titrage              : Nm = 15

**Tissu :**

Armure : Toile

Compte Chaîne (Nombre de fil de chaîne par cm) : 13

Duitage (Nombre de fil de trame par cm)      : 15

Densité : 204 g.m$^{-2}$

**Caractéristiques colorimétriques :**

$L^* = 92,65$ ; $a^* = -0,51$ ; $b^* = 3,97$

$(K/S)_0 = 0,0167$

Avant la teinture, le tissu a subi tout d'abord un blanchiment à l'eau oxygénée $H_2O_2$ pendant 45 min dans un bain contenant :

- Soude caustique (50%) : 10 g.l$^{-1}$
- Kieralon DC 802 (Agent Mouillant, BASF-Allemagne) : 5 g.l$^{-1}$
- Prestogene K (Stabilisant, BASF-Allemagne) : 3 g.l$^{-1}$
- Eau Oxygénée : 10 g.l$^{-1}$

Le rapport de bain [Matière textile (en gramme)/Volume de bain (en ml)] est fixé à 1/60. La température est de 95°C. Après le blanchiment, nous faisons les traitements suivants :

☞ Un lavage à 95°C dans un bain contenant du Lufibrol EE-101 (BASF, Allemagne) de concentration 3 g.l$^{-1}$ qui permet d'éliminer les impuretés acquises provenant du traitement du blanchiment.

☞ Un autre traitement à 95°C dans un bain contenant du Basopal PK (BASF, Allemagne) de concentration 4 g.l$^{-1}$ qui permet d'éliminer le peroxyde d'hydrogène résiduel dans le tissu.

☞ Un rinçage à l'eau chaude (T = 95°C).

☞ Une neutralisation dans un bain contenant l'acide citrique de concentration 2 g.l$^{-1}$ à une température de 70°C.

☞ Un dernier rinçage à l'eau froide.

*Figure.II.7:* *Echantillon de coton Blanchi*

*6.3.2.1.2- Protocole opératoire de teinture*

Cette étape consiste à imprégner et sortir le tissu à teindre 6 fois dans le réacteur chimique. La durée de chaque imprégnation est fixée à 30 secondes, alors que la durée de l'oxydation est fixée à une minute. Ensuite, le tissu subit un lavage dans l'eau chaude à 70°C pendant 5 minutes, puis un rinçage à l'eau froide. Finalement, l'échantillon est séché dans l'étuve à 70°C pendant 24 heures.

*6.3.2.2- Méthode colorimétrique pour l'évaluation de la teinture*

La méthode colorimétrique consiste à déterminer directement les paramètres colorimétriques *CIELAB* (*L\* a\* b\**) et le degré d'absorption *(K/S)*. Les mesures colorimétriques ont été effectuées à l'aide d'un colorimètre type Spectrflash SF300 équipé d'un logiciel DataMaster 2.3, Datacolor International (USA) avec une lumière D65/observateur 10° et à une longueur d'onde $\lambda$ = 660 nm pour la détermination du degré d'absorption *(K/S)*.

# REFERENCES BIBLIOGRAPHIQUES

[1]- D. Goerring, E. Weise et M. Soll, Ger. 1,091,-981, 3 Nov (1960).

[2]- W. F. Harrison et A. A. Hinckley (Metal Hydride, Inc., Beverly, Mass.). *Am. Dyes. Rep.*, 52, No. 7, 30-32 (1963).

[3]- H. I. Schlesinger et H. C. Brown, U. S. Patents 2,461,661; 2,534,533; 2,683,721.

[4]- E. H. Jensen « A Study on Sodium Borohydride », NytNordisk Forlag Amold Busck, Copenhagen (1954).

[5]- L. F. Fieser et M. Fieser « Reagents Organic Synthesis », p. 1050, Edition John Wiley and Sons, Inc, New York (1967).

[6]- G. W. Gribble, *Ventron Alembic*, 18, 1 (1980).

[7]- H. I. Schlesinger, H. C. Brown, A. E. Finholt, J. R. Gilbreath, H. R. Hoekstra et E. K. Hyde, *J. Amer. Chem. Soc.*, 75(1), 215-219 (1953).

[8]- J. A. Gardiner et J. W. Collat, *J. Am. Chem. Soc.*, 87, 1692 (1965).

[9]- J. A. Gardiner et J. W. Collat, *Inorg. Chem.*, 4, 1208 (1965).

[10]- F. T. Wang et W. L. Jolly, *Inorg. Chem.*, 11, 1933 (1972).

[11]- L. A. Levine et M. M. Kreevoy, *J. Am. Chem. Soc.*, 94, 3346 (1972).

[12]- M. M. Kreevoy et J. E. C. Hutchins, *J. Am. Chem. Soc.*, 94, 6731 (1972).

[13]- L. M. Abts, J. T. Lagland et M. M. Kreevoy, *J. Am. Chem. Soc.*, 97, 3181 (1975).

[14]- A. Prokopcikas et J. Salkauskiene, *Zh. Fiz. Khuim.*, 44, 2941 (1970).

[15]- K. N. Mochalov, V. S. Khain et G. G. Gil'manshin, *KInetika I. Katalyz*, 6, 541 (1965).

[16]- J. Bouis et H. Carlet, *Liebigs Ann. Chem.*, 124, 352 (1862).

[17]- C. Schorlemmer, *Liebigs Ann. Chem.*, 177, 303 (1975).

[18]- D. A. Levene et F. A. Taylor, *J. Biol. Chem.*, 35, 281 (1918).

[19]- A. J. Hill et E. H. Nason, *J. Am. Chem. Soc.*, 46, 2236 (1924).

[20]- H. T. Clarke et E. E. Dreger, *Org. Synth. Coll.*, 1, 304 (1941).

[21]- H. Thoms et C. Mannich, *Ber. Dtsch. Chem. Ges.*, 36, 2544 (1903).

[22]- F. C. Whitmore et T. Otterbacker, *Org. Synth. Coll.*, 2, 317 (1943).

[23]- F. Y. Wiselogle et H. Sonneborn III, *Org. Synth. Coll.*, 1, 90 (1941).

[24]- A. Verley, *Bull. Soc. Chim. Fr.*, 37, 537, 871 (1925).

[25]- H. Meerwein et R. Schmidt, *Liebigs Ann. Chem.*, 221, 444 (1925).

[26]- W. Ponndorf, *Angew. Chem.*, 39, 138 (1926).

[27]- H. Lund, *Ber. Dtsch. Chem. Ges.* 70, 1520 (1937).

[28]- A. L. Wilds, *Org. React.*, 2, 178 (1944).

[29]- F. A. Carey et R. J. Sinderberg « Advanced Organic Chemistry. Part B: Reactions and Synthesis », p. 145, Plenum Press, New York (1977).

[30]- W. M. Jones et H. E. Wise, *J. Am. Chem. Soc.*, 84, 997 (1962).

[31]- B. Rickborn et T. Wuesthoff, *J. Am. Chem. Soc.*, 92, 6894 (1970).

[32]- H. C. Brown, E. J. Mead, et B. C. Subba Rao, *J. Am. Chem. Soc.*, 77, 6204 (1955).

[33]- H. C. Brown, O. H. Wheeler et K. Ichikawa, *Tetrahedron*, 1, 214 (1957).

[34]- H. C. Brown et K. Ichikawa, *J. Am. Chem. Soc.*, 84, 373 (1962).

[35]- H. C. Brown et P. A. Tierney, *J. Am. Chem. Soc.*, 80, 1552 (1958).

[36]- H. C. Brown et B. C. Subba Rao, *J. Org. Chem.*, 22, 1136 (1957).

[37]- H. C. Brown et B. C. Subba Rao, *J. Am. Chem. Soc.*, 81, 6423, 6428 (1959).

[38]- H. C. Brown et S. Krishnamurthy, *Tetrahedron*, 35, 567-607 (1979).

[39]- R. O. Hutchins, F. Cistone, B. Goldsmith et P. Hewaman, *J. Org. Chem.*, 40, 2018 (1975).

[40]- R. O. Hutchins, D. Hoke, J. Keogh et D. Kohharski, *Tetrahedron Letters*, 3495 (1969).

[41]- H. M. Bell, C. W. Vanderslice et A. Speher, *J. Org. Chem.*, 34, 3923 (1969).

[42]- G. P. Nair et R. C. Shah, *Tex. Res. J.*, 40, 303-312 (1970).

[43]- J. T. Langland et M. M. Kreevoy, *Tex. Res. J.*, 45, 532 (1975).

[44]- M. M. Kreevoy et R. W. Taft, *J. Am. Chem. Soc.*, 79, 4016 (1957).

[45]- C. E. Neale, U. S. Pat. 3,127,231 (1964).

[46]- D. Goerring, *Melliand Textilber.*, 44, 839-843 (1963).

[47]- D. Goerring, *Melliand Textilber.*, 44, 994-998 (1963).

[48]- U. Baumgarte, *Melliand Textilber*, 47, 286-294 (1966).

[49]- G. E. Krichevskii, F. I. Sadov et N. M. Danilova, *Tekst. Prom.*, 27(2), 54-55 (1967)

[50]- K. Juich'ung et F. I. Sadov, *Tekst. Prom.*, 27(4), 93-98 (1967).

[51]- C. Cao Xuan, et F. I. Sadov, *Tekst. Prom.*, 28(5), 100-104 (1968).

[52]- U. Baumgarte et U. Keuser, *Melliand Textilber*, 50(8), 943-951 (1969).

[53]- U. Baumgarte, *Melliand Textilber*, 51, 1332-1341 (1970).

[54]- Ventron Corp., Brit. Pat. 1,174,797 (1969).

[55]- R. M. Shchegoleva et N. F. Obydennikova, *Khlopchatobun Prom.*, No. 30, 181-189 (1971).

[56]- M. Araki, *Senryo To Yakuhin*, 16, 139-144 (1971).

[57]- G. I. Medding, *Am. Dyest. Rep.*, 69, 30, 77 (1980).

[58]- BASF, *Technical Information Bulletin*, TI/T 246 e, Ludwigshafen, Allemagne, Juillet (1996).

[59]- E. I. Stearns, « The Practice of Absorption Spectrophotometry », Wiley Editions, New York (1969).

[60]- A. D. Broadbent, « Basic Principles of Textile Coloration », p. 527-530, Society of Dyers and Colourists, Bradford (2001).

[61]- P. Kubelka et F. Munck, *Z. Techn. Phys.*, 12, 593-601 (1931).

[62]- W. C. Fermeliusn, « Inorganic Synthesis », Vol II, p. 227-228, Rober E. Krieger Publishing Company, New York (1978).

[63]- A. LeBail, Programme Eracel, version modifiée de programme Celref (J. Lauglier et A. Filhot), Université de Le Mans (1996).

[64]- N. G. Vannerberg, *Acta Chem. Scand.*, 18, 2385 (1964).

[65]- J. Rodrigues-Carvajal, *Physica B*, 192, 55 (1993).

[66]- N. Meksi, M. Ben Ticha, M. Kechida et M. F. Mhenni, « Indigo dyeing with the borohydride process: Effect of operating parameters and focus on chemical aspects », Chapter 5, p. 77-102, in: Dyeing: Process, Techniques and Applications, Nova Science Publishers, Inc., New York, 2014.

[67]- Réf. 60, p. 363-366.

[68]- J. N. Etters, *Am. Dyes. Rep.*, 81(3), 17 (1992).

[69]- J. N. Etters, *Am. Dyes. Rep.*, 83(6), 26 (1994).

[70]- A. N. Derbyshire et W. J. Marshall, *J. Soc. Dyers Colourist.*, 96, 166 (1980).

[71]- J. H. Xin, C. L. Chong et T. Tu, *J. Soc. Dyers Colourist.*, 116, 260-265 (1980).

[72]- R. E. Davis, E. Bromels et C. L. Kibby, *J. Amer. Chem. Soc.*, 84, 885-892 (1962).

[73]- J. -H. Wee, K.-Y. Lee et S. H. Kim, *Fuel Proc. Tech.*, 87, 811-819 (2006).

# ETUDE DE L'EFFET DE CERTAINS PARAMETRES EXPERIMENTAUX
# &
# EVALUATION TINCTORIALE

# ETUDE DE L'EFFET DE CERTAINS PARAMETRES EXPERIMENTAUX & EVALUATION TINCTORIALE

## 1- INTRODUCTION

La réaction de réduction de l'indigo par le borohydrure de sodium dépend de plusieurs paramètres expérimentaux. Ces paramètres influencent la formation de leuco-indigo (la forme réduite), les pertes en eau relatives essentiellement à la réaction d'hydrolyse du borohydrure de sodium et la qualité de la teinture obtenue. Les paramètres expérimentaux que nous nous proposons d'étudier sont :

- ☞ La température
- ☞ Le taux de nickelate cyanure de potassium
- ☞ Le taux du borohydrure de sodium
- ☞ La qualité commerciale du borohydrure de sodium
- ☞ Le taux d'indigo
- ☞ Le taux de soude caustique

Par ailleurs, il faut aussi noter que chaque valeur affichée dans les courbes représentant l'étude de l'effet des paramètres expérimentaux sur le pH du bain de teinture, le temps de la fin de réduction, le rendement de la réduction, la perte en eau et les paramètres colorimétriques $(K/S)$, $L^*$, $a^*$ et $b^*$ est une moyenne arithmétique calculée à partir des résultats de deux essais.

## 2- LES EFFETS DE LA TEMPERATURE

Dans cette partie, nous allons étudier l'effet de la température sur la formation de leuco-indigo, la perte en eau et la qualité de la teinture. Au cours de cette partie, nous allons faire varier la température du milieu réactionnel entre 40 et 70°C tout en maintenant constantes les concentrations des réactifs chimiques mis dans le réacteur.

Les conditions expérimentales dans lesquelles cette étude a été élaborée sont :

☞ **La température** : **Variable**

☞ Le taux du nickelate cyanure de potassium : 1% (par rapport à la masse d'indigo)

☞ La quantité du borohydrure de sodium : 0,34 g

☞ La quantité d'indigo : 0,34 g

☞ La quantité de soude caustique : 0 g

☞ Le volume total du milieu réactionnel : 170 ml

Durant chaque essai, la mesure de la température est prise chaque 2, 3, 5 ou 10 min (selon la durée de chaque expérience). Les valeurs des températures mentionnées dans les courbes suivantes sont des moyennes arithmétiques calculées durant chaque essai. Les incertitudes correspondantes sont des écarts par rapport aux températures minimales et maximales atteintes.

## 2.1- INFLUENCE DE LA TEMPERATURE SUR LE POTENTIEL REDOX DU MILIEU REACTIONNEL

La température est un paramètre thermodynamique très important pour les réactions chimiques. Pour la réaction de la réduction de l'indigo par le borohydrure de sodium, la température intervient tout d'abord sur la cinétique. Dans la *Figure.III.1* représentant l'effet de la température sur l'évolution du potentiel redox du milieu réactionnel, nous observons très clairement l'effet cinétique de la température. En effet, plus nous augmentons la température de 40 à 70°C, plus nous arrivons rapidement à la stabilité finale du potentiel redox du milieu réactionnel et par suite à la fin de la réaction de réduction.

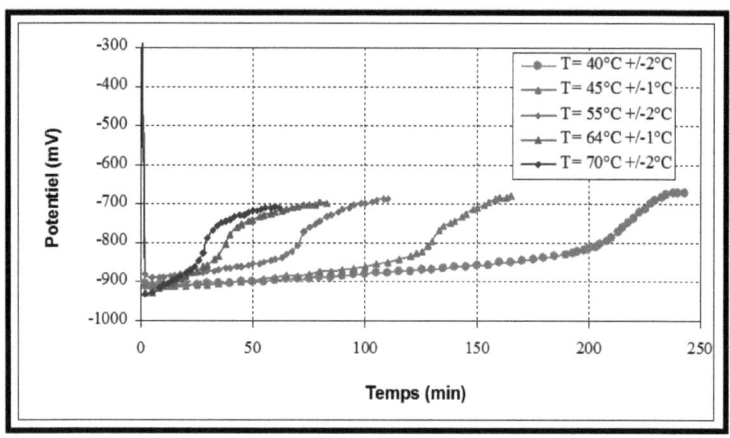

***Figure.III.1:*** *Effet de la variation de la température sur l'évolution du potentiel redox du milieu réactionnel en fonction du temps*

Dans la *Figure.III.1*, nous observons également que toutes les courbes représentant l'évolution du potentiel redox en fonction de la température ont la même allure quelle que soit la température de la réduction. Toutes ces courbes se composent de trois parties : La première partie représente une évolution du potentiel redox avec une légère augmentation au cours du temps. Dans la deuxième partie, le potentiel redox subit une forte augmentation. Ensuite, dans la dernière partie, le potentiel redox du milieu réactionnel demeure quasi stable. Nous supposons que cette quasi stabilité du potentiel redox indique la fin de la réaction de réduction et le moment où cette étape de quasi stabilité commence a été notée comme étant le temps de la fin de réduction.

L'étude de la variation du temps de la fin de réduction en fonction de la température de réduction est rapportée dans la *Figure III.2*. Dans cette figure, nous observons que quand la température augmente, le temps de la fin de réduction diminue. Ceci pourrait être expliqué par la rapidité de la consommation de l'agent réducteur quand la température de la réaction de réduction augmente.

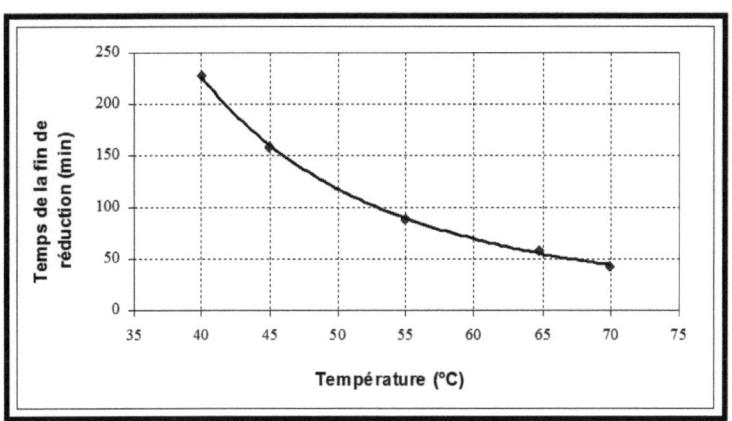

**Figure.III.2:** *Variation du temps de la fin de réduction en fonction de la température*

## 2.2- INFLUENCE DE LA TEMPERATURE SUR LE pH DU MILIEU REACTIONNEL

L'effet de la température sur l'évolution de pH du milieu réactionnel a été aussi étudié. Les résultats de cette étude sont représentés dans la *Figure.III.3*. Cette figure illustre la variation du pH au cours de la réaction pour différentes températures. La *Figure.III.3* montre que toutes les courbes de cette figure ont des allures similaires quelle que soit la température du milieu réactionnel. Il apparaît que le pH reste quasi constant durant la réaction de réduction.

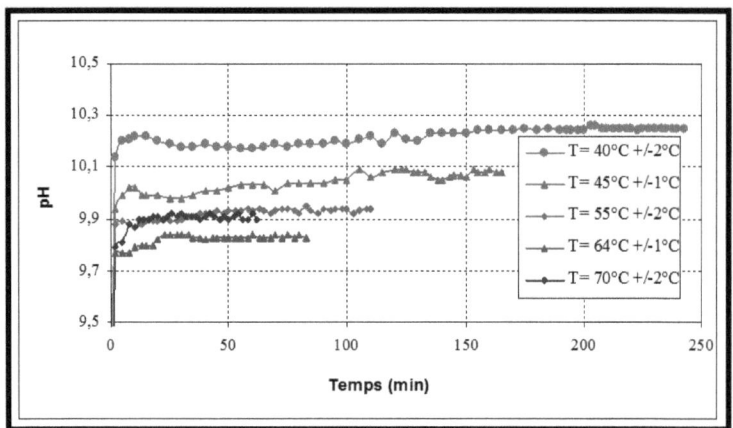

**Figure.III.3:** *Effet de la variation de la température sur l'évolution de pH du milieu réactionnel en fonction du temps*

La *Figure.III.4* représente l'évolution de la valeur moyenne de pH du milieu réactionnel en fonction de la température de réaction. Dans cette figure, nous observons que le pH moyen du milieu réactionnel diminue quand la température augmente. Par ailleurs, la légère augmentation de pH

140

moyen à 70°C pourrait être expliquée par la grande évaporation de l'eau observée à cette température.

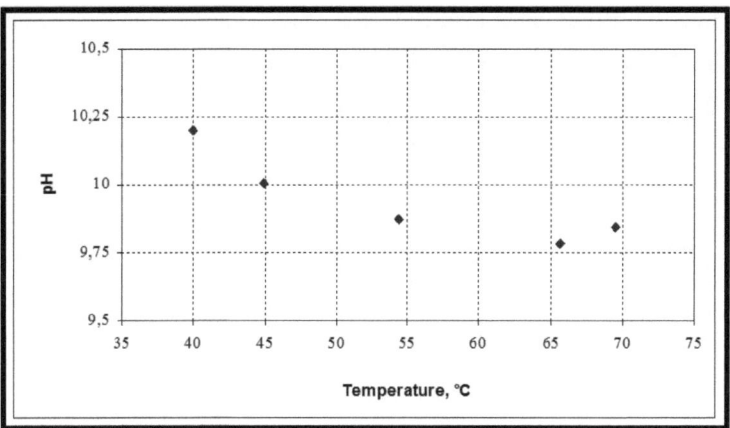

*Figure.III.4:* Evolution de la valeur moyenne de pH du milieu réactionnel en fonction de la température

## 2.3- INFLUENCE DE LA TEMPERATURE SUR LE RENDEMENT DE LA REACTION DE REDUCTION ET LA PERTE EN EAU

La *Figure.III.5* présente l'effet de la température sur le rendement de la réaction de réduction et la perte d'eau liée essentiellement à la réaction d'hydrolyse du borohydrure de sodium. Chaque valeur affichée dans les courbes correspondantes est la moyenne arithmétique pour deux essais. Nous rapportons dans cette figure également les incertitudes pour toutes les valeurs affichées.

Dans la *Figure.III.5*, nous remarquons que l'augmentation de la température de 40 à 45°C n'a pas d'influence significative sur le rendement de la réduction et l'hydrolyse du borohydrure de sodium. Cependant, à

141

55°C nous enregistrons un rendement maximal de la réduction. Au delà de cette température, nous constatons une chute du rendement de la réduction et une augmentation notable de la quantité d'eau perdue. Ainsi, il est clair que l'augmentation de la température accélère énormément l'évaporation d'eau et l'hydrolyse du borohydrure de sodium comme cela était mentionné dans la littérature [1,2].

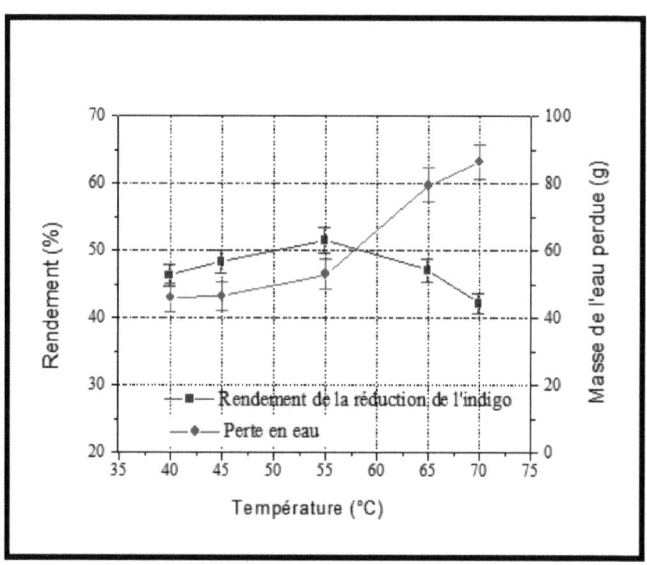

***Figure.III.5:*** *Effet de la variation de la température sur le rendement de la réaction de réduction et la perte en eau*

## 2.4- INFLUENCE DE LA TEMPERATURE SUR LA QUALITE DE LA TEINTURE

### 2.4.1- INFLUENCE DE LA TEMPERATURE SUR LE DEGRE D'ABSORPTION

Le milieu réactionnel obtenu après la réaction de réduction de l'indigo par le borohydrure de sodium a été utilisé comme bain de teinture pour des échantillons de tissu en coton. La qualité de cette teinture a été évaluée tout d'abord par la mesure du degré d'absorption *(K/S)* (appelé aussi profondeur de ton) à 660 nm. Pour la détermination de la valeur du degré d'absorption *(K/S)*, la réflectance des échantillons a été mesurée à 660 nm, puis transférée en valeur de *(K/S)* en se basant toujours sur la formule de Kubelka-Munk [3] et les travaux d'Etters [4,5]. Les résultats expérimentaux de cette étude sont présentés dans la ***Figure.III.6***. Chaque valeur affichée dans cette figure est la moyenne arithmétique pour deux essais expérimentaux.

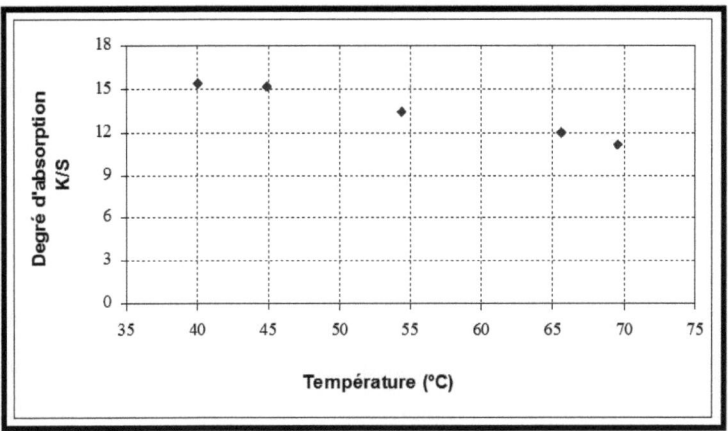

***Figure.III.6:*** *Effet de la variation de la température sur le degré d'absorption (K/S)*

La mesure du degré d'absorption *(K/S)* pourrait donner une idée sur le rendement d'une teinture. Plus la valeur de *(K/S)* est importante, plus le rendement de la teinture est élevé. Dans la ***Figure.III.6***, nous remarquons que lorsque la température augmente, le degré d'absorption *(K/S)* diminue. De plus, nous remarquons également que la valeur maximale de *(K/S)* est atteinte à 40°C alors que celle du rendement de la réduction est enregistrée à 55°C. Ceci montre que le degré d'absorption *(K/S)* n'est pas lié à la concentration de leuco-indigo (la forme réduite de l'indigo) dans le bain (et par suite au rendement de la réaction de réduction). Ceci pourrait s'expliquer par deux raisons :

Tout d'abord, il est connu que le pH du bain de teinture affecte considérablement la qualité de la teinture [6,7] et surtout la rétention du colorant par les fibres de coton. Quand le pH du bain de teinture augmente, les fibres de coton gonflent et deviennent plus accessibles au colorant. Par suite, nous aurons plus de pénétration de colorant dans la fibre. Par conséquent, le degré d'absorption *(K/S)* augmente rapidement. Dans la ***Figure.III.7*** présentant l'évolution du degré d'absorption *(K/S)* en fonction de pH du bain de teinture, nous pouvons voir que l'augmentation de la température entre 40 et 70°C entraîne une diminution de pH du bain de teinture et du degré d'absorption *(K/S)*. Il apparaît clairement que la couleur des échantillons teints est limitée par le pH du bain de teinture.

Ensuite, il y a un autre facteur qui influence considérablement la rétention de colorant par la fibre à savoir la température. En effet, l'indigo est un colorant qui est fréquemment utilisé en procédé de teinture à froid (20-40°C). Ceci est dû en fait à la caractéristique de la forme réduite de ce colorant de cuve qui présente une affinité maximale pour les fibres de coton quand la teinture se fait entre 20 et 40°C. Ainsi, il est évident d'obtenir un maximum du degré d'absorption à 40°C comme cela est observé dans la ***Figure.III.6***. En conclusion, nous pouvons dire que si nous voulons avoir un rendement tinctorial élevé avec ce procédé de réduction, nous avons intérêt à faire la teinture à faible température.

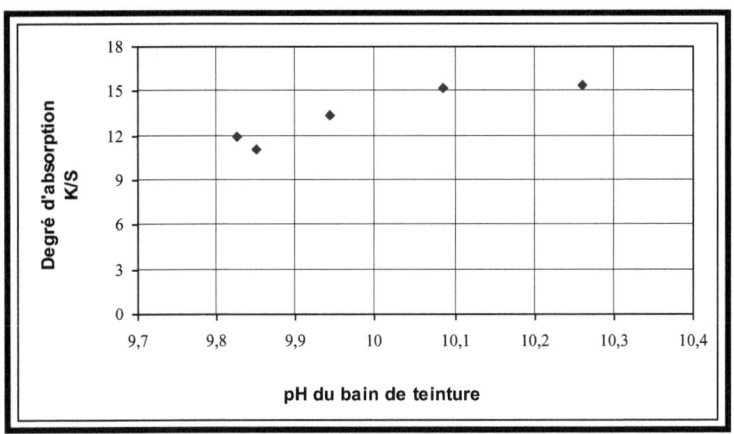

*Figure.III.7:* Evolution du degré d'absorption (K/S) en fonction
de pH du bain de teinture (variation de la température)

## 2.4.2- INFLUENCE DE LA TEMPERATURE SUR LES PARAMETRES COLORIMETRIQUES *CIELAB (L\* a\* b\*)*

La qualité de la teinture a été également évaluée par la mesure des coordonnées colorimétriques *CIELAB (L\* a\* b\*)*. Il est intéressant de signaler que le paramètre $L^*$ indique la luminosité de la nuance. Le paramètre $a^*$ indique le degré de rougissement/verdissement (si la valeur de $a^*$ augmente, la nuance devient plus rouge et vice versa). Le paramètre $b^*$ indique le degré de jaunissement/bleuissement (si la valeur de $b^*$ augmente, la nuance devient plus jaune et vice versa). Les études de l'effet de la variation de la température sur les paramètres colorimétriques $L^*$, $a^*$ et $b^*$ sont rapportées respectivement dans les *Figure.III.8, 9* et *10*.

L'observation de la *Figure.III.8* révèle que si nous augmentons la température, la luminosité $L^*$ augmente aussi. Ceci est en accord avec les résultats précédents concernant la variation du degré d'absorption *(K/S)*. En effet, outre la raison liée à la caractéristique du colorant mentionnée précédemment, lorsque la température augmente, le pH de milieu diminue. Ceci entraîne un gonflement moins important de la fibre de coton. Par suite, nous aurons moins de pénétration de colorant dans la fibre. Donc, le degré d'absorption *(K/S)* diminue, le rendement de la teinture diminue et la nuance devient de plus en plus claire et par conséquent $L^*$ augmente.

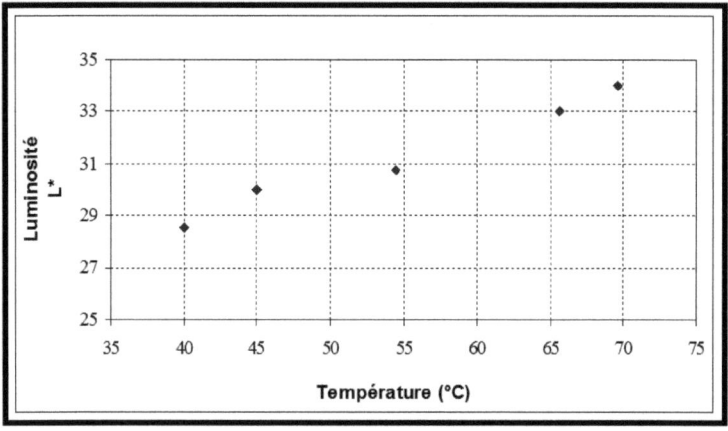

***Figure.III.8:*** *Variation de la luminosité $L^*$ en fonction de la température*

Par contre, l'influence de la température sur le paramètre colorimétrique $a^*$ n'est pas très claire. La ***Figure.III.9*** montre qu'il n'y a pas une corrélation concrète entre la variation de la température et l'évolution du paramètre colorimétrique $a^*$.

Par ailleurs, nous remarquons dans la ***Figure.III.10*** que si la température augmente, le paramètre colorimétrique $b^*$ reste quasi stable. Il apparaît donc que la température n'a pas un effet significatif sur ce paramètre colorimétrique.

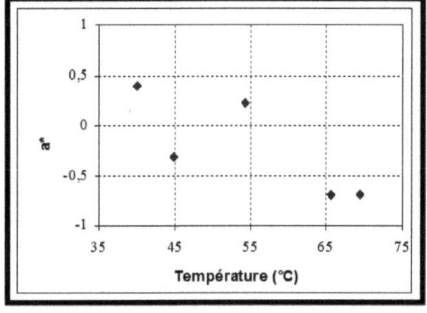
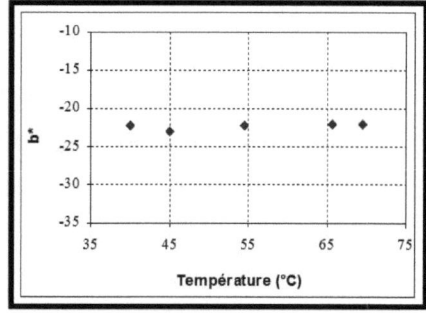

*Figure.III.9: Variation du paramètre a\* en fonction de la température*

*Figure.III.10: Variation du paramètre b\* en fonction de la température*

## 3- LES EFFETS DU TAUX DE CATALYSEUR

Dans ce paragraphe, nous allons étudier l'effet de catalyseur sur les différents paramètres mentionnés précédemment. Au cours de cette partie, nous allons faire varier dans le réacteur le taux de catalyseur entre 0,5 et 3% (par rapport à la masse d'indigo) tout en maintenant constantes les concentrations des autres réactifs chimiques ainsi que la température du milieu réactionnel :

☞ La température : 55°C

☞ **Le taux du nickelate cyanure de** : **Variable**
**potassium**

☞ La quantité du borohydrure de : 0,34 g
sodium

147

☞ La quantité d'indigo                  : 0,34 g

☞ La quantité de soude caustique      : 0 g

☞ Le volume total du milieu          : 170 ml
réactionnel

## 3.1- INFLUENCE DE LA VARIATION DU TAUX DE CATALYSEUR SUR LE POTENTIEL REDOX DU MILIEU REACTIONNEL

Le catalyseur utilisé est le nickelate cyanure de potassium $K_2Ni(CN)_4$. Nous avons fait varier sa quantité dans le milieu réactionnel entre 0,5 et 3% (par rapport à la masse d'indigo) et nous avons étudié l'évolution du potentiel redox du milieu réactionnel. Les résultats expérimentaux sont regroupés dans la *Figure.III.11*. Dans cette figure, nous remarquons que toute les courbes présentant l'évolution du potentiel redox en fonction du temps pour différentes quantités de catalyseur possèdent la même allure et ce indépendamment du taux de nickelate cyanure de potassium dans le milieu de réduction. Toutes ces courbes montrent trois étapes d'évolution du potentiel redox : La première étape présente une augmentation lente du potentiel redox quand le temps augmente. La deuxième étape est un saut brusque du potentiel redox. Dans la troisième partie, le potentiel redox du milieu réactionnel se stabilise relativement. L'évolution du potentiel redox du milieu réactionnel représente l'évolution de la réaction de réduction et la formation de la forme réduite (forme leuco-indigo). Nous supposons que le début de la troisième étape (la quasi-stabilité du potentiel redox) indique la fin de la réaction de réduction et le moment où le potentiel redox entame cette étape a été noté comme étant le temps de la fin de réduction.

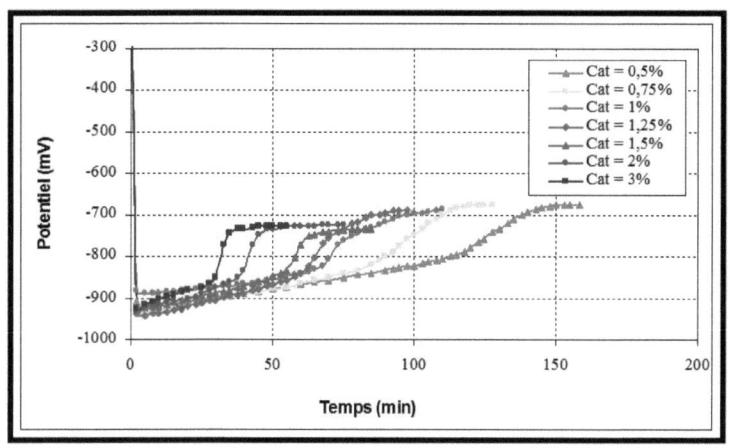

**Figure.III.11:** *Effet de la variation du taux de catalyseur sur l'évolution du potentiel redox du milieu réactionnel en fonction du temps*

L'étude expérimentale de la variation du temps de la fin de réduction en fonction du taux de catalyseur est rapportée dans la **Figure.III.12**. A travers cette figure, nous pouvons remarquer que quand le taux de catalyseur augmente dans le milieu réactionnel entre 0,5 et 3% (par rapport à la masse d'indigo), le temps de la fin de réduction diminue. Ainsi, nous pouvons dire que à l'instar de la température, le nickelate cyanure de potassium permet d'augmenter la vitesse des réactions du borohydrure de sodium.

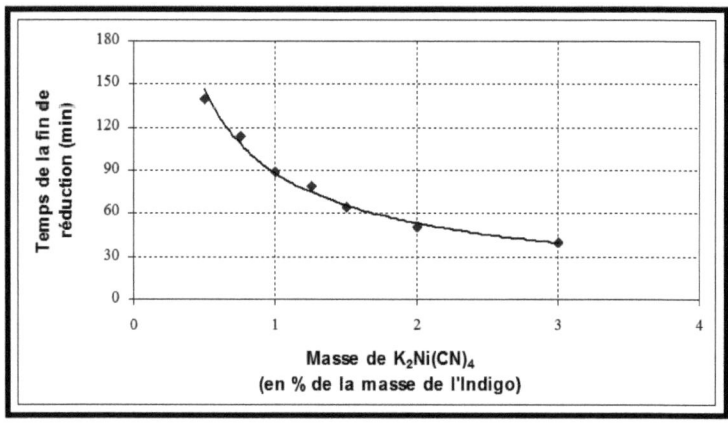

*Figure.III.12:* Variation du temps de la fin de réduction
en fonction du taux de catalyseur

## 3.2- INFLUENCE DE LA VARIATION DU TAUX DE CATALYSEUR SUR LE pH DU MILIEU REACTIONNEL

L'évolution du pH du milieu réactionnel en fonction du temps pour différents taux de catalyseur a été aussi étudiée. Les résultats expérimentaux de cette étude sont rapportés dans la *Figure.III.13*.

Nous observons dans la *Figure.III.13* que toutes les courbes sont semblables quel que soit le taux de catalyseur. Au cours de la réaction de réduction, le pH dans chaque courbe reste quasi constant. Nous pouvons également observer dans cette figure que l'augmentation du taux du nickelate cyanure de potassium n'a pas d'influence significative sur le pH du milieu réactionnel. La *Figure.III.14* présente l'évolution de la valeur moyenne de pH du milieu réactionnel en fonction du taux de catalyseur. Dans la *Figure.III.14*, il apparaît que lorsque le taux de nickelate cyanure de potassium croît dans le milieu réactionnel, le pH reste pratiquement constant.

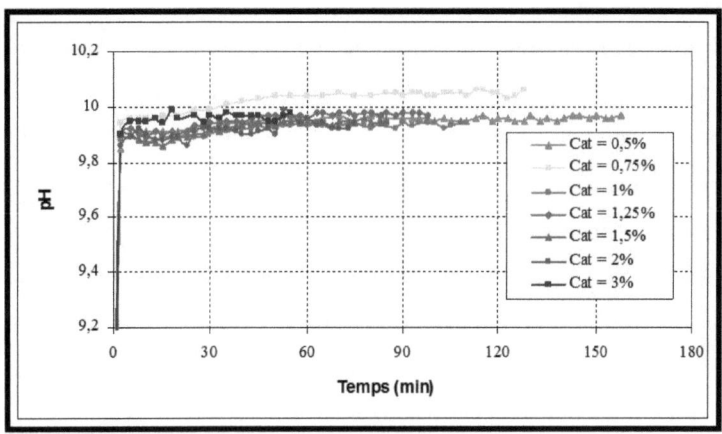

**Figure.III.13:** *Effet de la variation du taux de catalyseur sur l'évolution de pH du milieu réactionnel en fonction de temps*

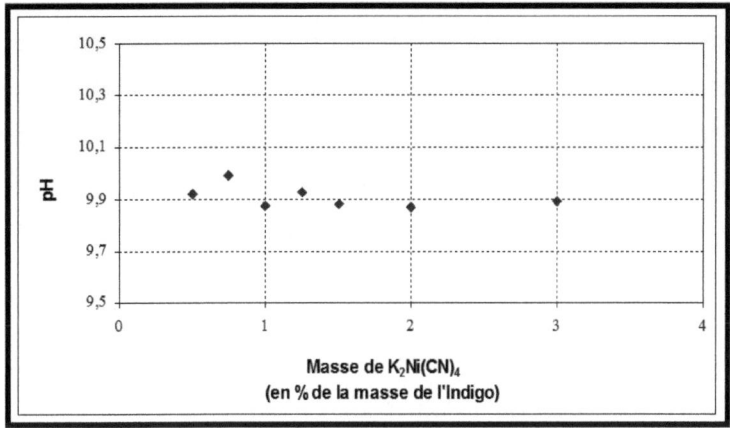

**Figure.III.14:** *Evolution de la valeur moyenne de pH du milieu réactionnel en fonction du taux de catalyseur*

## 3.3- INFLUENCE DE LA VARIATION DU TAUX DE CATALYSEUR SUR LE RENDEMENT DE LA REACTION DE REDUCTION ET LA PERTE EN EAU

L'effet de la variation de la quantité du nickelate cyanure de potassium sur le rendement de la réduction et sur l'ampleur de la réaction d'hydrolyse du borohydrure de sodium a été aussi étudié. Tous les résultats expérimentaux de cette étude ainsi que les incertitudes correspondantes sont rapportés dans la *Figure.III.15*. Cette figure révèle que le nickelate cyanure de potassium a une influence sur les deux réactions concurrentes à la fois : la réduction de l'indigo et l'hydrolyse du borohydrure de sodium. Au début, il est impératif de signaler qu'en l'absence de ce réducteur, la réaction de réduction ne peut pas avoir lieu. Ceci est en accord avec les résultats des études précédentes traitant les réductions d'autres types de colorants de cuve par le borohydrure de sodium [8]. Comme cela était expliqué précédemment [9,10], il apparaît que les fonctions carbonyle situées dans les structures chimiques des colorants de cuve ont une faible réactivité. Ceci pourrait être attribué à la grande stabilité des colorants de cuve due à la forte conjugaison de leurs fonctions carbonyles. Par conséquent, la seule réaction observée dans ces conditions est celle de l'hydrolyse du borohydrure de sodium.

Dans la *Figure.III.15*, nous pouvons voir que la courbe représentant l'évolution du rendement de la réduction est essentiellement constituée de deux parties : La première partie présente une allure ascendante allant de 0,5 à 1% de catalyseur. Dans cette partie, nous notons une augmentation rapide du rendement de la réduction jusqu'à atteindre 51,5% pour un taux de 1% de catalyseur. Nous observons aussi dans cet intervalle que la perte en eau diminue rapidement quand le taux de catalyseur augmente dans le milieu réactionnel.

La deuxième partie de cette courbe commence à partir de 1% du nickelate cyanure de potassium. Cette partie présente une diminution rapide du rendement de la réduction. En outre, la perte en eau continue à baisser progressivement, mais pas de la même manière que précédemment. Ces chutes dans le rendement de la réduction et dans la perte en eau pourraient être expliquées par l'apparition d'une troisième réaction concurrente aux deux réactions principales. C'est une réaction entre le borohydrure de sodium et le nickelate cyanure de potassium. Cette réaction devient de plus en plus importante quand la quantité de catalyseur augmente dans le milieu réactionnel [11].

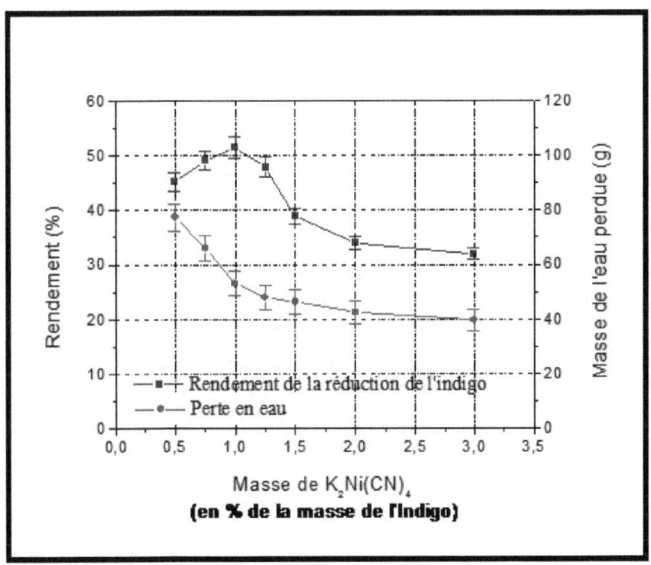

***Figure.III.15:*** *Effet de la variation du taux de catalyseur sur le rendement de la réaction de réduction et la perte en eau*

## 3.4- INFLUENCE DE LA VARIATION DU TAUX DE CATALYSEUR SUR LA QUALITE DE LA TEINTURE

### 3.4.1- INFLUENCE DE LA VARIATION DU TAUX DE CATALYSEUR SUR LE DEGRE D'ABSORPTION

Les milieux de réduction obtenus après variation du taux de catalyseur ont été utilisés comme bains de teinture des échantillons de coton. La qualité de la teinture a été évaluée tout d'abord par la mesure du degré d'absorption *(K/S)* à 660 nm. Les résultats expérimentaux de l'étude de l'effet de la variation du taux de catalyseur sur le degré d'absorption sont rapportés dans la ***Figure.III.16***. Cette figure présente une valeur maximale du degré d'absorption (et par suite un rendement tinctorial maximal) pour une quantité du nickel cyanure de potassium de 0,75%. Pour des taux élevés de catalyseur, le degré d'absorption *(K/S)* diminue jusqu'à une valeur de 11,37 pour un taux de 3% de catalyseur.

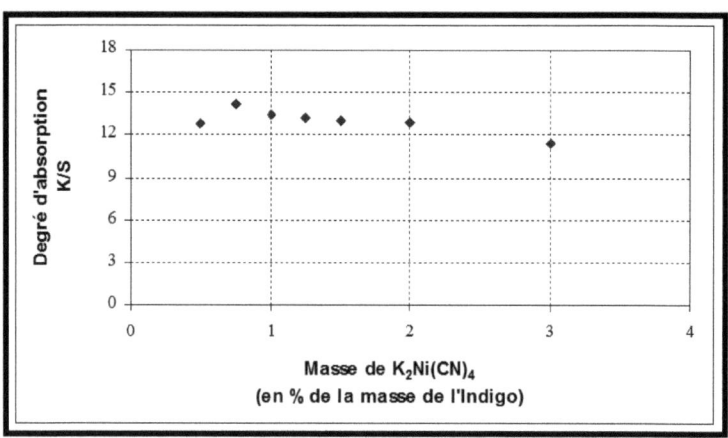

***Figure.III.16:*** *Effet de la variation du taux de catalyseur*
*sur le degré d'absorption*

154

Les résultats expérimentaux de l'effet de pH du bain de teinture sur le degré d'absorption sont regroupés dans la **Figure.III.17**. Dans cette figure, il apparaît que le degré d'absorption varie légèrement en fonction du bain de teinture. Malgré cela, nous enregistrons pour un pH égal 10,05 une valeur maximale du degré d'absorption *(K/S)* égale à 14,18.

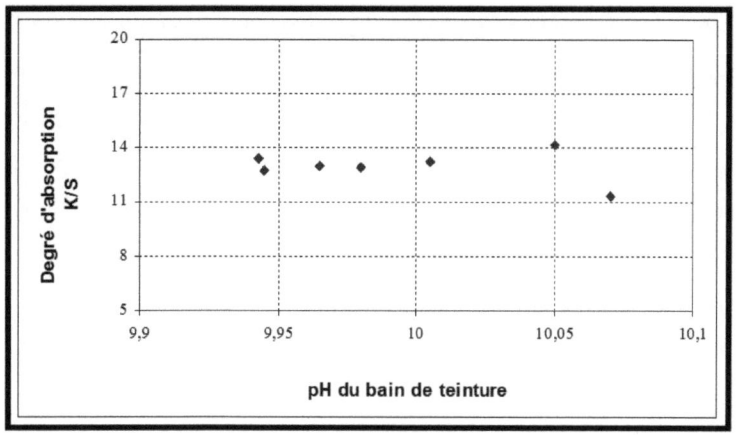

**Figure.III.17:** *Evolution du degré d'absorption (K/S) en fonction de pH du bain de teinture (variation du taux de catalyseur)*

### 3.4.2- INFLUENCE DE LA VARIATION DU TAUX DE CATALYSEUR SUR LES PARAMETRES COLORIMETRIQUES *CIELAB (L\* a\* b\*)*

Outre le degré d'absorption *(K/S)*, la qualité de la teinture a été également évaluée par la mesure des coordonnées colorimétriques *CIELAB (L\* a\* b\*)* des échantillons teints dans les bains de réduction. Les résultats expérimentaux de l'effet de la variation des paramètres colorimétriques $L^*$, $a^*$ et $b^*$ en fonction de la quantité de catalyseur sont rapportés respectivement dans les **Figures.III.18**, **19** et **20**.

Dans la ***Figure.III.18*** présentant l'évolution de la luminosité $L^*$ en fonction du taux du nickelate cyanure de potassium, nous remarquons que les résultats obtenus dépendent essentiellement du rendement de la réduction (et par suite de la concentration de leuco-indigo dans le bain de teinture). En effet, l'augmentation du taux de catalyseur de 0,5 à 1% entraîne une augmentation du rendement de la réduction. Par conséquent, la concentration de leuco-indigo dans le bain augmente, le coton absorbe plus de leuco-indigo, le rendement de la teinture augmente, la nuance devient de plus en plus foncée et par suite $L^*$ diminue. Par contre, une augmentation du taux du nickelate cyanure de potassium au delà de 1% entraîne une diminution du rendement de la réduction. Ceci provoque une diminution de la concentration de leuco-indigo dans le bain, le coton absorbe moins de colorant, la nuance devient de plus en plus claire et par conséquent $L^*$ augmente.

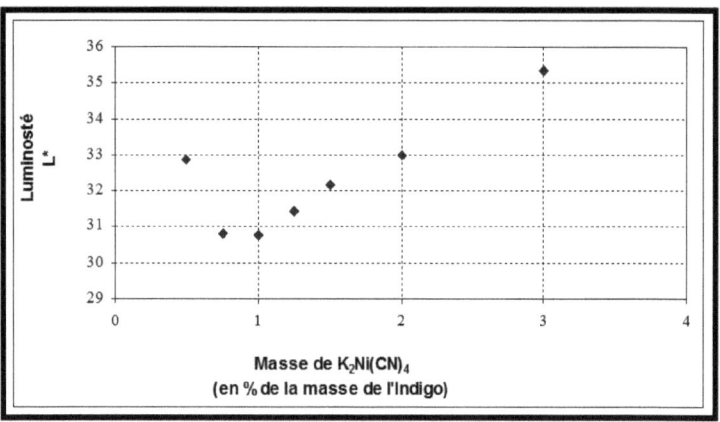

***Figure.III.18:*** *Effet de la variation du taux de catalyseur sur la luminosité $L^*$*

En observant les **Figure.III.18** et la **Figure.III.19** représentant respectivement l'évolution des paramètres $a^*$ et $b^*$ en fonction du taux de catalyseur, nous remarquons qu'ils suivent un comportement analogue à celui de la luminosité $L^*$, c'est à dire qu'ils dépendent aussi de la concentration de leuco-indigo dans le bain de teinture. A travers ces deux figures, nous pouvons voir que lorsque le taux de catalyseur passe de 0,5 à 1%, la concentration de leuco-indigo augmente dans le bain ce qui provoque une augmentation de $a^*$ et $b^*$.

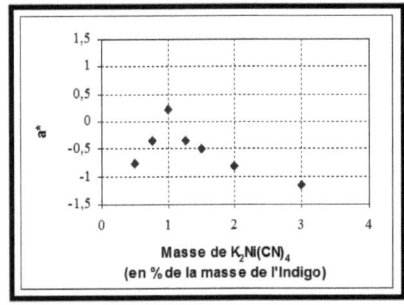

**Figure.III.18:** *Variation du paramètre*          **Figure.III.19:** *Variation du paramètre*
*$a^*$ en fonction du taux de catalyseur*          *$b^*$ en fonction du taux de catalyseur*

De l'autre coté, lorsque la quantité de nickelate cyanure de potassium dépasse 1%, la concentration de la forme réduite diminue ce qui provoque une chute de $a^*$ et $b^*$. Toutefois, les valeurs obtenues pour la coordonnée colorimétrique $b^*$ pour différents taux de catalyseur sont toutes jugées très voisines. Nous pouvons donc dire qu'en variant le taux du nickelate cyanure de potassium dans le bain, le paramètre $b^*$ reste pratiquement constant.

157

# 4- LES EFFETS DU TAUX DE BOROHYDRURE DE SODIUM

Dans ce paragraphe, nous allons étudier l'effet du réducteur sur les différents paramètres chimiques de la réaction de réduction et colorimétriques de la teinture. Au cours de cette partie, nous allons faire varier le taux du borohydrure de sodium $NaBH_4$ entre 0 et 200% (par rapport à la masse d'indigo) tout en maintenant constantes les concentrations des autres réactifs ainsi que la température du milieu réactionnel :

☞ La température : 55°C

☞ Le taux du nickelate cyanure de potassium : 1% (par rapport à la masse d'indigo)

☞ **La quantité du borohydrure de sodium** : **Variable**

☞ La quantité d'indigo : 0,34 g

☞ La quantité de soude caustique : 0 g

☞ Le volume total du milieu réactionnel : 170 ml

## 4.1- INFLUENCE DE LA VARIATION DU TAUX DE BOROHYDRURE DE SODIUM SUR LE POTENTIEL REDOX DU MILIEU REACTIONNEL

Nous avons fait varier le taux de l'agent réducteur entre 0 et 200% et nous avons étudié l'effet de cette variation sur le potentiel redox du milieu réactionnel. Les résultats expérimentaux de cette étude sont rapportés dans la *Figure.III.20* où nous pouvons voir que comme dans les cas des paramètres précédents (température et taux de catalyseur), toutes les courbes possèdent la même allure. Elles sont constituées de trois phases. Nous observons une première phase dans laquelle le potentiel redox évolue avec une légère augmentation au cours du temps. Ensuite, le potentiel redox subit un brusque saut dans la deuxième phase, suivi d'une quasi stabilité dans la troisième. Le moment où le potentiel redox commence cette troisième phase a été supposé comme étant le temps de la fin de réduction. Il apparaît dans la *Figure.III.20* que quand la quantité du borohydrure de sodium augmente, le potentiel redox du milieu réactionnel devient de plus en plus négatif. Ceci est en accord avec les résultats trouvés par Nair et ses collaborateurs [8].

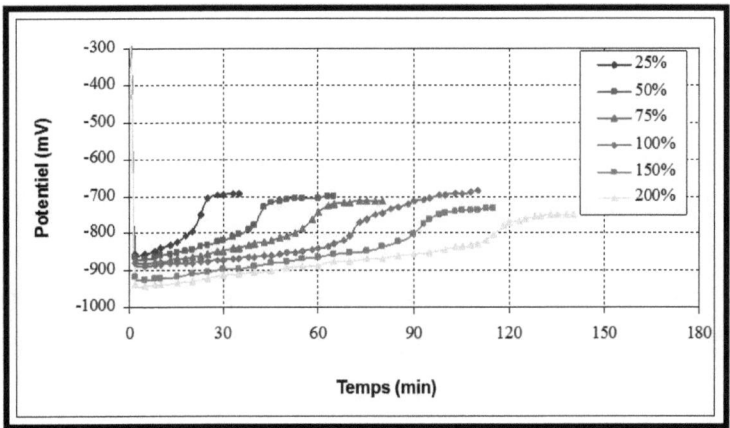

***Figure.III.20:*** *Effet de la variation du taux de réducteur sur l'évolution du potentiel redox du milieu réactionnel en fonction du temps*

La *Figure.III.21* illustre l'effet de la variation de temps de la fin de réduction en fonction du taux du borohydrure de sodium.

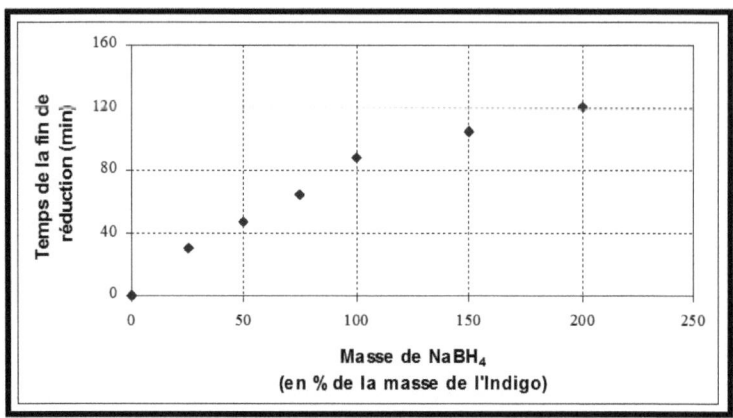

***Figure.III.21:*** *Variation du temps de la fin de réduction*
*en fonction du taux de réducteur*

Dans cette figure, nous remarquons que l'augmentation de la quantité de l'agent réducteur dans le milieu réactionnel entraîne une augmentation du temps de la fin de réduction (le temps nécessaire à la consommation de toute la quantité du borohydrure de sodium dans le milieu réactionnel).

## 4.2- INFLUENCE DE LA VARIATION DU TAUX DE BOROHYDRURE DE SODIUM SUR LE pH DU MILIEU REACTIONNEL

L'effet du taux du borohydrure de sodium sur le pH du milieu réactionnel a été aussi étudié. Les résultats de cette étude sont regroupés dans la ***Figure.III.22*** qui présente la variation du pH au cours de l'évolution de la réaction de réduction pour différents taux du réducteur. Dans cette figure, il apparaît que pour chaque quantité du borohydrure de sodium le pH reste quasi constant ou varie faiblement au cours de l'évolution de la réaction de réduction.

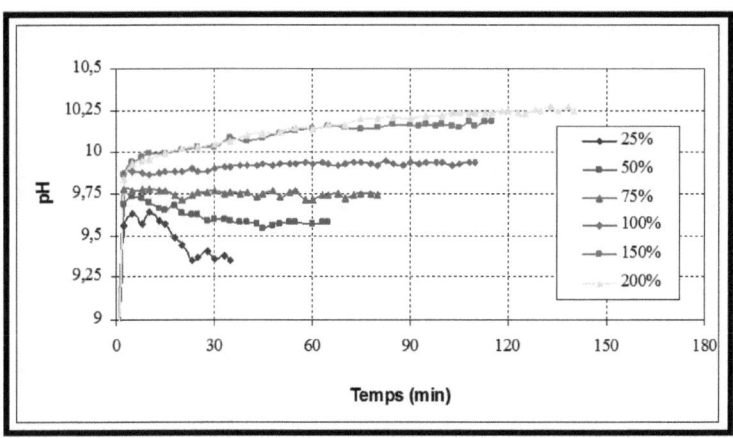

**Figure.III.22:** *Effet de la variation du taux de réducteur sur l'évolution de pH du milieu réactionnel en fonction du temps*

Il y apparaît aussi que l'augmentation de la quantité de l'agent réducteur dans le milieu réactionnel provoque une augmentation de pH du milieu de la réduction. L'évolution de la valeur moyenne de pH du milieu réactionnel en fonction du taux du borohydrure de sodium est rapportée dans la **Figure.III.23** qui révèle que quand le taux de l'agent réducteur augmente le pH augmente aussi. Ceci paraît évident compte tenu de la propriété basique du borohydrure de sodium observée dans la **Figure.II.4** du **chapitre II** (page 117).

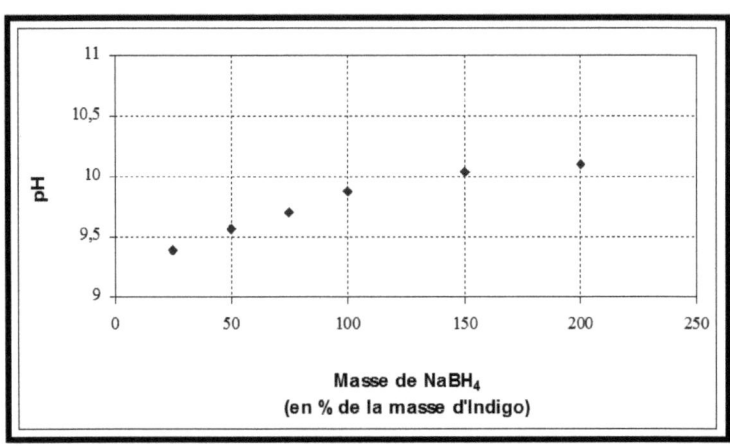

**Figure.III.23:** *Evolution de la valeur moyenne de pH du milieu réactionnel en fonction du taux de réducteur*

## 4.3- INFLUENCE DE LA VARIATION DU TAUX DE BOROHYDRURE DE SODIUM SUR LE RENDEMENT DE LA REACTION DE REDUCTION ET LA PERTE EN EAU

La **Figure.III.24** affiche le rendement de la réduction de l'indigo et la masse d'eau perdue quand le taux du borohydrure de sodium varie entre 0 à 200% (par rapport à la masse d'indigo) dans le milieu réactionnel. La **Figure.III.24** montre que la courbe présentant l'évolution du rendement de la réduction est constituée de deux parties. La première partie est une phase ascendante allant de 0 jusqu'à 100% du borohydrure de sodium. Nous y observons aussi une augmentation rapide du rendement de la réduction qui atteint finalement une valeur de 51,5% pour une quantité de 100% de l'agent réducteur. La deuxième phase commence à partir de 100% du borohydrure de sodium, et nous pouvons y constater une relative stabilité du rendement de la réduction quand le taux de l'agent réducteur augmente dans le réacteur.

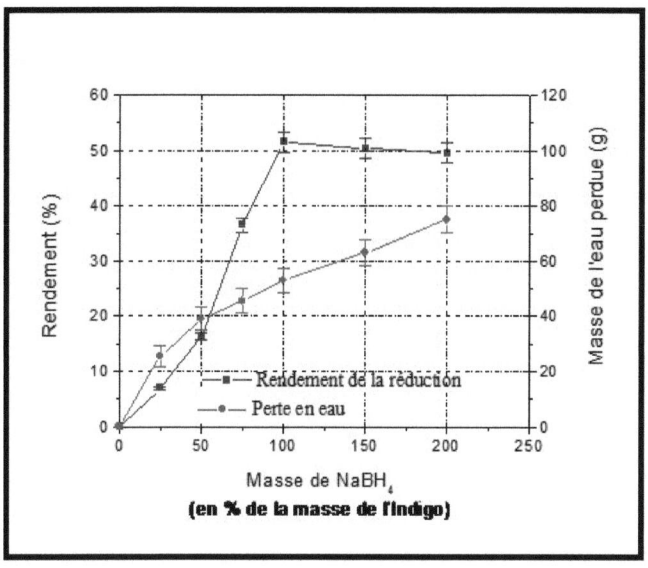

***Figure.III.24:*** *Effet de la variation du taux de réducteur sur le rendement de la réaction de réduction et la perte en eau*

En outre, il apparaît dans la ***Figure.III.24*** que l'augmentation du taux de réducteur cause une augmentation progressive de la réaction d'hydrolyse du borohydrure de sodium indiquée par la masse d'eau perdue du réacteur. Nous pouvons observer aussi que la courbe d'hydrolyse est au dessus de la courbe du rendement de la réduction pour des taux faibles en borohydrure de sodium (taux du borohydrure de sodium < environ 50%). Cependant, pour des taux du borohydrure de sodium supérieurs à 50%, la courbe du rendement de la réduction devient au dessus de celle de la réaction d'hydrolyse. Ces observations nous permettent de conclure que le taux optimal du borohydrure de sodium qui correspond à un rendement maximal en leuco-indigo avec une perte d'eau relativement faible due à l'hydrolyse est de 100% (par rapport à la masse d'indigo).

La *Figure.III.24* montre également que pour les taux de borohydrure de sodium supérieurs à 100%, le rendement de réduction reste quasi stable. Cependant, l'hydrolyse du NaBH$_4$ augmente considérablement. Ce résultat révèle que dans cette zone du taux de réducteur, la réaction d'hydrolyse est plus favorable que la réaction de réduction de l'indigo. Ainsi, quand le taux du borohydrure de sodium augmente au delà de 100%, l'excès de l'agent réducteur ne serait pas consommé dans la réaction de réduction de l'indigo (comme cela est expliqué par la stabilité du rendement de réduction dans cet intervalle), mais il serait utilisé dans la réaction d'hydrolyse du borohydrure de sodium.

## 4.4- INFLUENCE DE LA VARIATION DU TAUX DE BOROHYDRURE DE SODIUM SUR LA QUALITE DE LA TEINTURE

### 4.4.1- INFLUENCE DE LA VARIATION DU TAUX DE BOROHYDRURE DE SODIUM SUR LE DEGRE D'ABSORPTION

Comme dans les cas des paramètres étudiés précédemment (température et taux de catalyseur), les milieux obtenus après variation du taux de réducteur ont servi comme bains de teinture des échantillons de coton. La qualité de la teinture des ces échantillons a été appréciée tout d'abord par la mesure du degré d'absorption *(K/S)* à 660 nm pour différents taux du borohydrure de sodium. Le degré d'absorption *(K/S)* pourrait nous donner une idée sur le rendement de la teinture obtenue. Les résultats expérimentaux de cette étude sont rapportés dans la *Figure.III.25* sur laquelle nous remarquons que la courbe représentant l'évolution du degré d'absorption en fonction du taux de réducteur est essentiellement composée de deux parties. Dans la première partie de cette courbe, nous observons une augmentation rapide du degré d'absorption *(K/S)* pour des taux du borohydrure de sodium inférieurs à 100%. Ceci pourrait être expliqué par l'augmentation du rendement de la réduction dans cet intervalle (*Figure.III.24*). Au delà de 100% du borohydrure de sodium, le degré d'absorption *(K/S)* demeure relativement constant. Ceci est dû également au rendement de la réduction qui reste relativement stable quand la quantité de l'agent réducteur dépasse 100% (par rapport à la masse d'indigo).

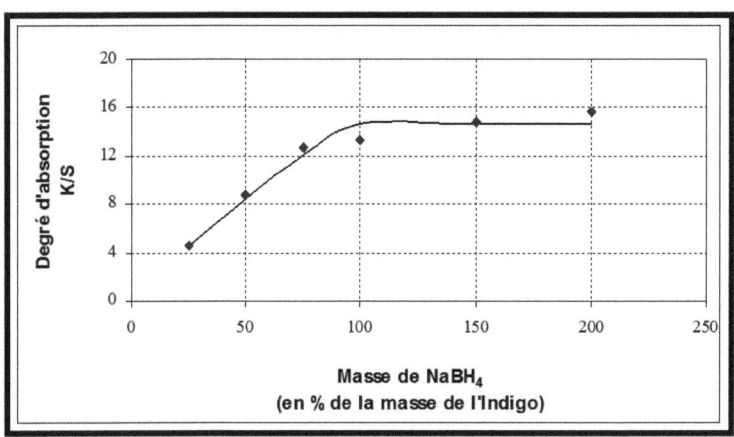

***Figure.III.25:*** *Effet de la variation du taux de réducteur*
*sur le degré d'absorption*

## 4.4.2- INFLUENCE DE LA VARIATION DU TAUX DE BOROHYDRURE DE SODIUM SUR LES PARAMETRES COLORIMETRIQUES *CIELAB (L\* a\* b\*)*

La qualité de la teinture a été évaluée aussi par la mesure des coordonnées colorimétriques *CIELAB (L\* a\* b\*)* des échantillons teints.

Les effets de la quantité du borohydrure de sodium sur les paramètres $L^*$, $a^*$ et $b^*$ sont respectivement rapportés dans les *Figures.III.26, 27* et *28*.

La *Figure.III.26* illustre l'effet du taux de l'agent réducteur sur la luminosité $L^*$. Dans cette figure, nous observons que la courbe rapportant l'évolution de la luminosité $L^*$ comporte deux parties. Dans la première partie, la courbe révèle une chute importante de la luminosité quand le taux du borohydrure de sodium passe de 25 à 100%. Cette variation rapide est probablement liée à l'augmentation de la concentration de leuco-indigo dans le bain et de son pH (respectivement les *Figures.III.24* et *23.*). En effet, cette double augmentation permet aux fibres d'absorber plus de colorant. Donc, la nuance de la teinture devient de plus en plus foncée. Et par suite, la luminosité $L^*$ diminue. Ensuite, lorsque le taux du borohydrure de sodium augmente au dessus de 100%, la luminosité $L^*$ reste pratiquement stable. Cette quasi stabilité pourrait être attribuée aussi à la stabilité relative de la concentration de leuco-indigo dans le milieu réactionnel pour des taux de réducteur supérieurs à 100% (par rapport à la masse d'indigo) (*Figure.III.23*).

L'évolution de la coordonnée colorimétrique *CILAB* $a^*$ en fonction du taux de réducteur est présentée dans la *Figure.III.27* qui révèle aussi une courbe à deux parties. La première partie est un saut du paramètre $a^*$ quand le taux du borohydrure de sodium varie de 25 à 100% (par rapport à la masse d'indigo). Il apparaît ici que la variation de la quantité du borohydrure de sodium affecte considérablement la nuance de la teinture. L'augmentation considérable du paramètre colorimétrique $a^*$ indique qu'il y a un virage très fort de la nuance vers la couleur rouge. La deuxième partie est située au delà de 100% du borohydrure de sodium. Dans cet intervalle, le paramètre colorimétrique $a^*$ reste constant à l'instar du degré d'absorption *(K/S)*. Ces constatations indiquent bien que l'évolution du paramètre $a*$ est liée à l'évolution de la concentration de leuco-indigo dans le milieu réactionnel.

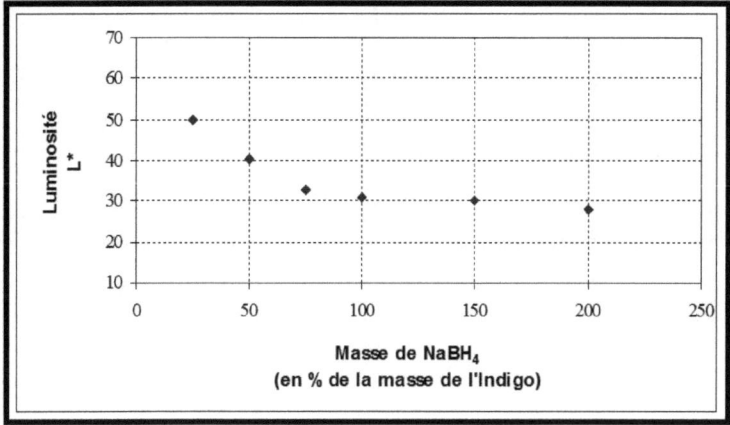

*Figure.III.26:* Effet de la variation du taux de réducteur sur la luminosité $L*$

Toutefois, le coordonnée colorimétrique $b*$ dévoile un comportement différent des autres paramètres colorimétriques précédentes. La *Figure.III.28* rapporte l'évolution de ce paramètre en fonction du taux de réducteur. Dans cette figure, nous pouvons observer que l'augmentation de la quantité du borohydrure de sodium n'a pas une influence significative sur le paramètre $b*$. Ce dernier demeure relativement constant quelle que soit la quantité de l'agent réducteur mise dans le réacteur.

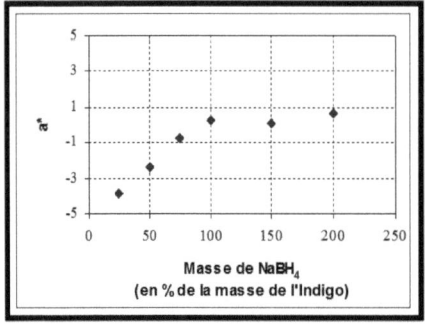

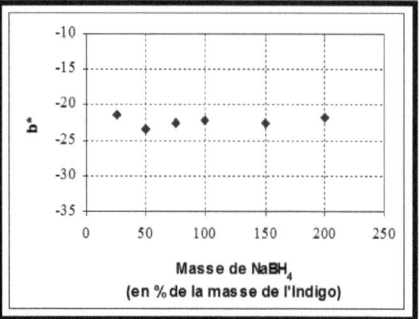

*Figure.III.27: Variation du paramètre*
*a\* en fonction du taux de réducteur*

*Figure.III.28: Variation du paramètre*
*b\* en fonction du taux de réducteur*

## 5- LES EFFETS DE LA QUALITE COMMERCIALE DU BOROHYDRURE DE SODIUM

Avant d'entamer l'effet de la variation de la quantité d'indigo sur notre réaction de réduction, nous avons testé une deuxième qualité commerciale du borohydrure de sodium, fournie par une autre société à savoir Acros Organic (Allemagne). A l'opposé de la première qualité du borohydrure de sodium qui est une qualité technique pour usage industriel, la deuxième qualité est destinée pour les laboratoires. Il est indiqué que la pureté de cette deuxième qualité commerciale du borohydrure de sodium est supérieure à la première qualité utilisée dans nos essais de réduction. Le *Tableau.III.1* résume quelques informations concernant ces deux qualités commerciales du borohydrure de sodium :

| Propriétés | Boro-Finnish | Boro-Acros |
|---|---|---|
| Fournisseur | Finnish Chemicals OY | Acros Organics |
| Pays | Finlande | Allemagne |
| Pureté | >98% | 99% |
| Nature des impuretés | Non donnée | Non donnée |
| Usage | Industriel | Pour laboratoires |

*Tableau.III.1:* *Quelques informations sur les deux qualités commerciales du borohydrure de sodium utilisées*

L'objectif de cette étude est de faire une comparaison entre ces deux qualités commerciales du réducteur en faisant des essais de réduction dans des conditions analogues à savoir :

☞ La température : 55°C

☞ Le taux du nickelate cyanure de potassium : 1% (par rapport à la masse d'indigo)

☞ La quantité du borohydrure de sodium : 0,34 g

☞ La quantité d'indigo : 0,34 g

☞ La quantité de soude caustique : 0 g

☞ Le Volume total du milieu réactionnel : 170 ml

Les résultats obtenus seront analysés et discutés dans ce qui suit :

## 5.1- EFFET DE LA QUALITE COMMERCIALE DE REDUCTEUR SUR LE POTENTIEL REDOX DU MILIEU DE LA REACTION DE REDUCTION

Nous avons fait la réduction de l'indigo avec la nouvelle qualité commerciale du borohydrure de sodium fournie par « Acros Organics » dans les conditions décrites précédemment et nous avons étudié l'évolution du potentiel redox du milieu réactionnel. La **Figure.III.29** présente l'évolution du potentiel redox du milieu réactionnel pour deux essais de réduction faits avec les deux qualités commerciales du borohydrure de sodium dans les mêmes conditions opératoires.

L'examen de cette figure révèle que la nouvelle qualité du borohydrure de sodium utilisée (qualité destinée pour les laboratoires) permet d'avoir une réduction un peu plus rapide que celle fournie par « Finnish Chemicals OY » (qualité technique).

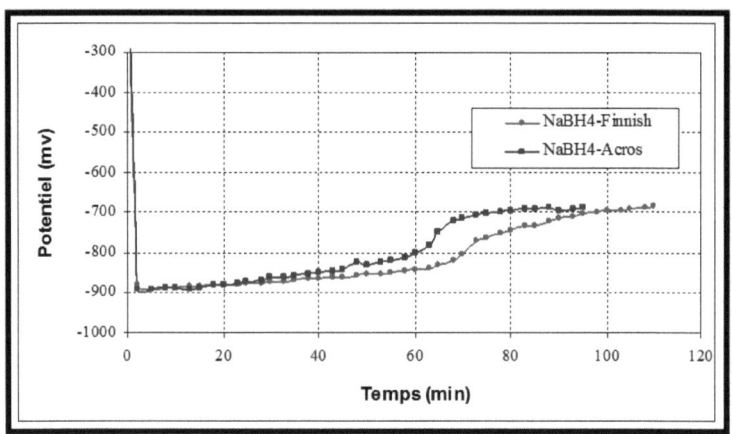

**Figure.III.29:** *Effet de la qualité de réducteur sur l'évolution du potentiel redox du milieu réactionnel*

## 5.2- EFFET DE LA QUALITE COMMERCIALE DE REDUCTEUR SUR LE pH DU MILEU REACTIONNEL

Le pH du milieu réactionnel a été aussi étudié pour les deux qualités commerciales du borohydrure de sodium. Les résultats expérimentaux sont rapportés dans la *Figure.III.30* qui montre que le changement de la qualité commerciale du borohydrure de sodium n'a aucun effet sur l'évolution de pH du milieu réactionnel au cours du temps.

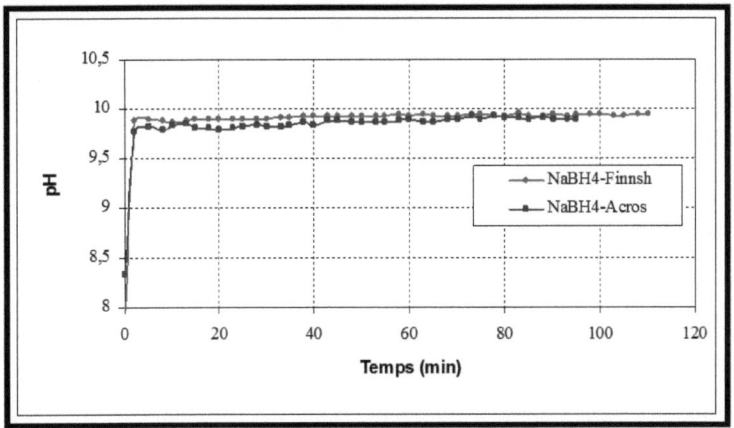

***Figure.III.30:*** *Effet de la qualité de réducteur sur*
*l'évolution de pH du milieu réactionnel*

## 5.3- EFFET DE LA QUALITE COMMERCIALE DE REDUCTEUR SUR LE RENDEMENT DE LA REACTION DE REDUCTION ET LA PERTE EN EAU

Nous avons étudié l'effet du changement de la qualité commerciale du borohydrure de sodium sur le rendement de la réduction de l'indigo et sur l'hydrolyse du borohydrure de sodium. Les résultats expérimentaux de cette étude sont regroupés dans le ***Tableau.III.2.***

171

| Résultats | NaBH$_4$-Finnish | NaBH$_4$-Acros |
|---|---|---|
| Volume de K$_3$Fe(CN)$_6$ ajouté (ml) | 3,14 | 2,63 |
| Rendement de la réduction (%) | 51,5 ± 1,85 | 43,03 ± 1,55 |
| Perte en eau (g) | 53 ± 4,47 | 54,5 ± 4,59 |
| Temps de la fin de réduction (min) | 88,67 | 75,5 |

**Tableau.III.2:** *Comparaison entre les deux qualités commerciales du réducteur au niveau le rendement de la réduction et la perte en en eau*

En regardant ce tableau, nous constatons que la qualité commerciale du réducteur joue un rôle important sur le rendement de la réaction de réduction. En effet, malgré le fait que la pureté indiquée par « Acros Organics » soit un peu plus élevée, c'est la qualité technique du borohydrure de sodium fournie par « Finnish Chemicals OY » qui a donné le rendement de la réduction le plus grand. Nous avons enregistré une différence du rendement de la réduction de l'ordre de 8,47% entre les deux réactions de réduction. Par contre, nous remarquons que les pertes en eau sont pratiquement identiques pour les deux qualités commerciales. Cela pourrait être dû aux impuretés présentes dans chaque qualité de réducteur.

## 5.4- EFFET DE LA QUALITE COMMERCIALE DE REDUCTEUR SUR LA QUALITE DE LA TEINTURE

Nous avons étudié aussi l'effet du changement de la qualité commerciale du borohydrure de sodium sur la qualité de teinture. Cette qualité a été appréciée par la mesure du degré d'absorption *(K/S)* et par la mesure des coordonnées colorimétriques *CIELAB (L\* a\* b\*)*. Les résultats de cette étude expérimentale sont regroupés dans le **Tableau.III.3**. De plus, toutes les valeurs affichées dans ce tableau sont des moyennes arithmétiques de deux essais.

Dans le *Tableau.III.3*, nous remarquons que l'utilisation d'une qualité commerciale non technique du borohydrure de sodium (qualité destinée aux laboratoires) a entraîné la diminution du degré d'absorption $(K/S)$, de la coordonnée colorimétrique $a*$ d'un coté, et l'augmentation de la luminosité $L*$ de l'autre. Par contre, le paramètre colorimétrique $b*$ reste relativement constant. Ceci pourrait être expliqué par l'obtention d'un rendement de la réduction plus faible lorsque nous avons utilisé le borohydrure de sodium fourni par « Acros Organics ». Cela a provoqué une chute de la concentration de leuco-indigo dans le bain. Ainsi, le rendement tinctorial a diminué (diminution de la valeur de $(K/S)$), la nuance devient plus claire (augmentation de la valeur de $L*$) et plus verte (diminution de la valeur de $a*$).

| Résultats | NaBH$_4$-Finnish | NaBH$_4$-Acros |
|---|---|---|
| Température du bain de teinture | 54,4°C | 56°C |
| pH du bain de teinture | 9,94 | 9,95 |
| Degré d'absorption $(K/S)$ | 13,39 | 12,27 |
| Luminosité $L*$ | 30,78 | 32,39 |
| $a*$ | 0,22 | -0,62 |
| $b*$ | -22,17 | -22,25 |

*Tableau.III.3: Comparaison entre les deux qualités commerciales du réducteur au niveau la qualité de la teinture obtenue*

## 6- LES EFFETS DU TAUX D'INDIGO

Dans ce paragraphe, nous allons étudier l'effet de la variation du taux de colorant sur la formation de leuco-indigo, la perte en eau et la qualité de teinture. Au cours de cette partie, nous allons faire la réduction à différents taux d'indigo allant de 50 à 300% (par rapport à la masse du borohydrure de sodium) tout en gardant constantes les concentrations des autres réactifs et la température du milieu réactionnel comme suit :

☞ La température : 55°C

☞ Le taux du nickelate cyanure de potassium : 1% (par rapport à la masse de réducteur)

☞ La quantité du borohydrure de sodium : 0,34 g

☞ **La quantité d'indigo** : **Variable**

☞ La quantité de soude caustique : 0 g

☞ Le volume total du milieu réactionnel : 170 ml

Il est intéressant de signaler que le réducteur utilisé dans cette étude est celui fourni par « Acros organics ».

## 6.1- INFLUENCE DU TAUX D'INDIGO SUR LE POTENTIEL REDOX DU MILIEU REACTIONNEL

Nous avons fait varier le taux d'indigo entre 50 et 300% (par rapport à la masse de réducteur) dans le milieu réactionnel et nous avons suivi l'évolution du potentiel redox au cours de la réduction. Les résultats expérimentaux sont rapportés dans la *Figure.III.31* qui permet de constater que le potentiel redox évolue selon trois phases différentes quel que soit le taux d'indigo utilisé.

Dans la première phase, le potentiel redox augmente lentement au cours de temps. Ensuite, il subit un saut brusque en deuxième phase. Enfin, le potentiel redox demeure quasi stable dans la dernière phase. Le moment où le potentiel redox commence cette dernière phase a été supposé et noté comme étant le temps de la fin de réduction.

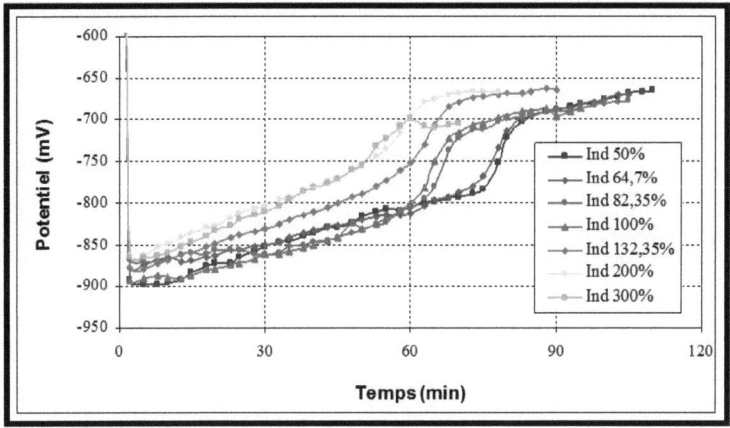

*Figure.III.31:* *Effet de la variation du taux d'indigo sur l'évolution du potentiel redox du milieu réactionnel en fonction de temps*

La *Figure.III.32* montre la variation de ce paramètre en fonction du taux d'indigo. Cette figure révèle qu'au fur et à mesure que nous faisons accroître le taux d'indigo de 50 à 300% (par rapport à la masse du borohydrure de sodium) le temps de la fin de réduction diminue progressivement. Cela pourrait être expliqué par la diminution de la vitesse de la réaction d'hydrolyse du borohydrure de sodium par rapport à la vitesse de la réaction de réduction de l'indigo.

En effet, la vitesse de la réaction d'hydrolyse du borohydrure de sodium a l'expression suivante :

$$V_{hyd} = k_{hyd}[NaBH_4]$$

Avec $k_{hyd}$ est la constante de vitesse de la réaction d'hydrolyse de NaBH$_4$.

Par ailleurs, la vitesse de la réaction de réduction de l'indigo a l'expression suivante:

$$V_{réd} = k_{réd}[Indigo] \cdot [NaBH_4]$$

Avec $k_{réd}$ est la constante de vitesse de la réaction de réduction de l'indigo. Quand la concentration de l'indigo augmente dans le milieu réactionnel, la vitesse de la réaction de réduction de l'indigo augmente aussi. Toutefois, la vitesse de la réaction d'hydrolyse du borohydrure de sodium demeure stable car la quantité de NaBH$_4$ est gardée constante dans cette étude. Finalement, pour des taux très élevés en indigo, la vitesse de la réaction de réduction de l'indigo devient supérieure à la vitesse de la réaction d'hydrolyse du borohydrure de sodium.

$$V_{hyd} < V_{réd}$$

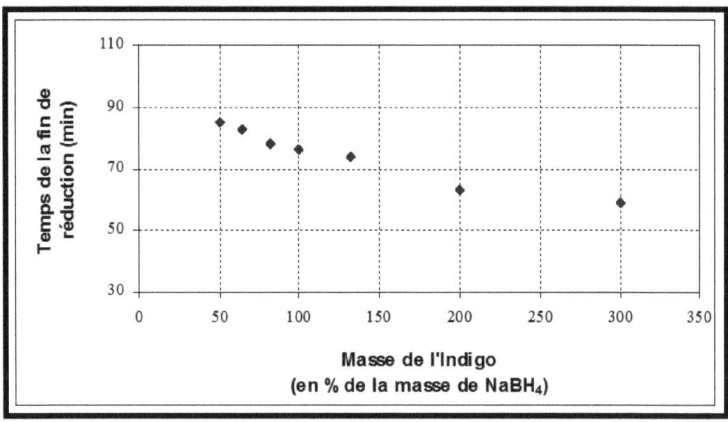

**Figure.III.32:** *Variation du temps de la fin de réduction en fonction du taux d'indigo*

## 6.2- INFLUENCE DE LA VARIATION DU TAUX D'INDIGO SUR LE pH DU MILIEU REACTIONNEL

L'effet de la variation de taux d'indigo sur l'évolution de pH du milieu réactionnel a été aussi investigué. Les courbes expérimentales obtenues sont regroupées dans la *Figure.III.33* où nous observons que pour des taux d'indigo inférieurs à 132,35%, le pH évolue avec une légère augmentation au cours du temps. Par contre, pour des taux supérieurs à 132,35%, le pH évolue avec une légère diminution au cours de la réduction.

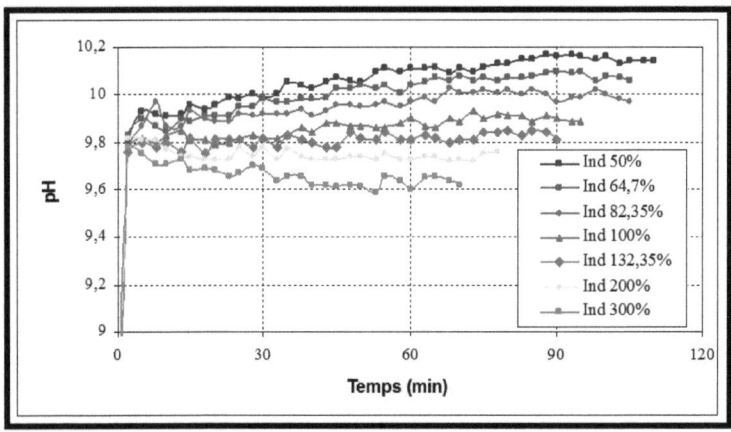

*Figure.III.33:* Effet de la variation du taux d'indigo sur l'évolution de pH du milieu réactionnel en fonction du temps

La *Figure.III.34* présente l'évolution du pH moyen au cours de la réaction de réduction pour différents taux d'indigo utilisés. Dans cette figure, nous pouvons remarquer que quand le taux d'indigo augmente dans le milieu de réduction, le pH diminue. Cette diminution dans les valeurs du pH du milieu réactionnel pourrait être attribuée aussi à l'augmentation de la vitesse de la réaction de réduction de l'indigo par rapport à la vitesse de la réaction d'hydrolyse du borohydrure de sodium.

Il est rapporté dans la littérature [1,11,12] que la réaction d'hydrolyse du borohydride de sodium produit des formes de borates. Ces derniers se caractérisent par un caractère basique. Ainsi, quand le taux d'indigo augmente dans le milieu réactionnel, la vitesse de la réaction d'hydrolyse du borohydrure de sodium diminue par conséquent le pH diminue à cause de la diminution de la concentration des formes de borates.

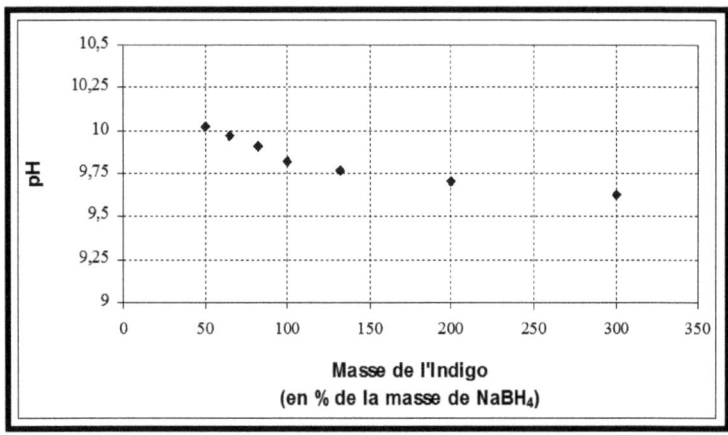

**Figure.III.34:** *Evolution de la valeur moyenne de pH du milieu réactionnel en fonction du taux d'indigo*

## 6.3- INFLUENCE DE LA VARIATION DU TAUX D'INDIGO SUR LE RENDEMENT DE LA REACTION DE REDUCTION ET LA PERTE EN EAU

L'effet de l'augmentation du taux d'indigo dans le milieu réactionnel sur le rendement de la réduction et sur l'hydrolyse du borohydrure de sodium a été également analysé. La **Figure.III.35** regroupe les résultats de

178

cette étude. La *Figure.III.35* révèle que la courbe présentant l'évolution du rendement de la réduction en fonction du taux d'indigo se compose de deux parties. La première partie présente un saut important du rendement de la réduction quand le taux d'indigo passe de 0 à 132,35% (par rapport à la masse du réducteur). Dans cette zone, nous remarquons une augmentation rapide du rendement de la réduction qui atteint finalement 47,37% pour un taux d'indigo égal à 132,35% (par rapport à la masse du réducteur). Dans cet intervalle, nous observons également que l'augmentation du rendement de la réduction est accompagnée d'une chute importante de la perte en eau. Ceci pourrait être expliqué par le fait que plus nous augmentons la quantité d'indigo dans le réacteur, plus nous favorisons la réaction de réduction de l'indigo par rapport à la réaction d'hydrolyse du borohydrure de sodium.

La deuxième partie de la courbe représentant l'évolution du rendement de la réduction est située pour des taux d'indigo supérieurs à 132,35% (par rapport à la masse de réducteur). Dans cette partie, nous remarquons que le rendement de la réduction diminue légèrement quand la quantité d'indigo dépasse 132,35%. Cet intervalle révèle aussi que la perte en eau continue à diminuer mais pas d'une manière aussi rapide que précédemment. La diminution du rendement de la réduction dans cette zone pourrait être attribuée à la quantité d'indigo mise dans le réacteur qui devient en large excès par rapport à la quantité du borohydrure de sodium nécessaire pour fournir un rendement de réduction égale à 47,37% (d'ailleurs, pour les grandes concentrations d'indigo, nous avons constaté pendant la réalisation de la teinture une précipitation du colorant au fond de bain). Il est intéressant de noter que le rendement de réduction de l'indigo a été calculé à partir du rapport de la concentration de leuco-indigo (obtenue avec le titrage potentiométrique) sur la concentration initiale d'indigo (mise dans le milieu réactionnel).

179

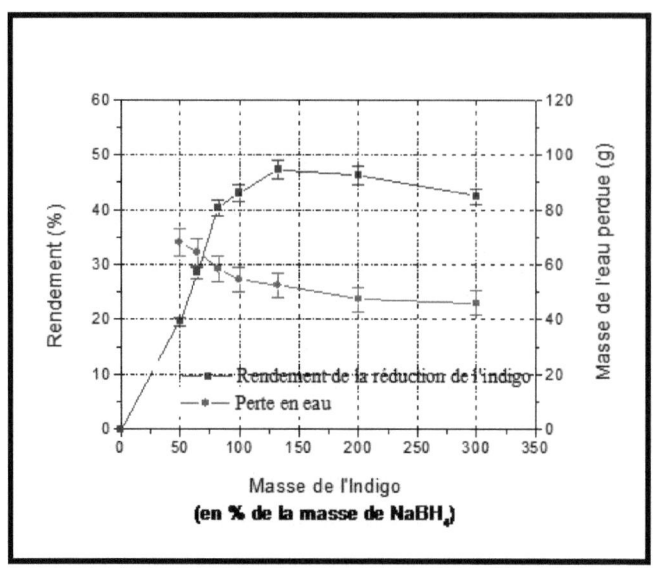

*Figure.III.35:* *Effet de la variation du taux d'indigo sur le rendement de*
*la réaction de réduction et la perte en eau*

## 6.4- INFLUENCE DE LA VARIATION DU TAUX D'INDIGO SUR LA QUALITE DE LA TEINTURE

### 6.4.1- INFLUENCE DE LA VARIATION DU TAUX D'INDIGO SUR LE DEGRE D'ABSORPTION

Les milieux de réduction obtenus lors de l'étude de la variation du taux d'indigo ont été utilisés comme bains de teinture des échantillons de coton. L'évaluation de la qualité de la teinture a été effectuée par la mesure du degré d'absorption *(K/S)* des échantillons teints à 660nm. L'évolution du degré d'absorption en fonction du taux d'indigo est illustrée dans la *Figure.III.36.*

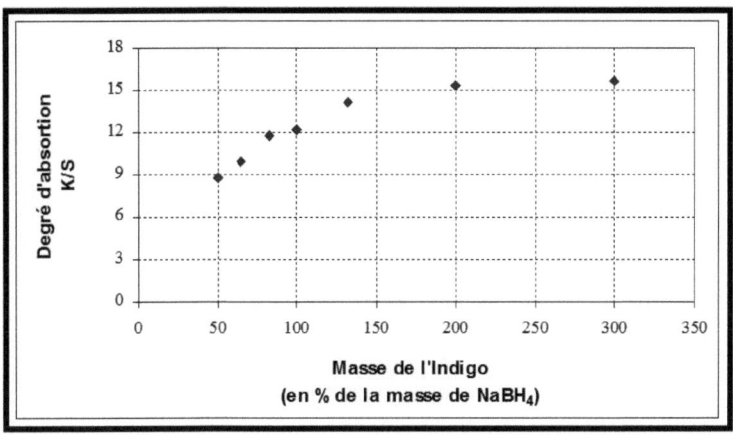

*Figure.III.36: Effet de la variation du taux d'indigo*
*sur le degré d'absorption*

Cette figure révèle que dans l'intervalle où le taux d'indigo varie entre 50 et 132,35% (par rapport à la masse de réducteur), le degré d'absorption *(K/S)* augmente rapidement suite à l'augmentation du rendement de la réduction (***Figure.III.35***) et la concentration en leuco-indigo (***Figure.III.37***) dans le bain.

Au delà de 132,35% d'indigo, le degré d'absorption *(K/S)* reste quasi constant bien que la concentration de leuco-indigo continue d'augmenter dans cette zone (***Figure.III.37***). Il apparaît que les fibres de coton sont arrivées à leur saturation en leuco-indigo absorbé.

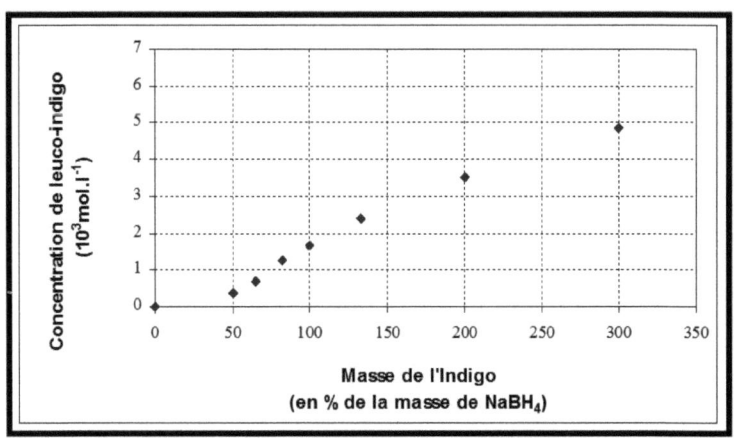

*Figure.III.37*: *Evolution de la concentration de leuco-indigo*
*en fonction du taux d'indigo*

## 6.4.2- INFLUENCE DE LA VARIATION DU TAUX D'INDIGO SUR LES PARAMETRES COLORIMETRIQUES *CIELAB (L\* a\* b\*)*

En plus du degré d'absorption, la qualité de la teinture a été aussi évaluée par la mesure des coordonnées colorimétriques *CIELAB (L\* a\* b\*)* des échantillons teints. Les effets de la variation du taux d'indigo sur les paramètres *L\**, *a\** et *b\** sont rapportés respectivement dans les *Figures.III.38*, *39* et *40*.

La *Figure.III.38* présentant l'évolution de la luminosité à différents taux de colorant montre que l'augmentation de la quantité d'indigo dans le milieu réactionnel de 50 jusqu'à 132,35% (par rapport à la masse du borohydrure de sodium) est suivie d'une diminution de la luminosité *L\**. Ceci est dû à l'augmentation de la concentration de leuco-indigo dans cette zone *(Figure.III.37)*. Par ailleurs, à l'instar du degré d'absorption, lorsque la quantité de l'indigo dépasse 132,35%, la luminosité $L^*$ demeure quasi constante. Cette stabilité de la luminosité $L^*$ est probablement due à la saturation de la fibre en colorant.

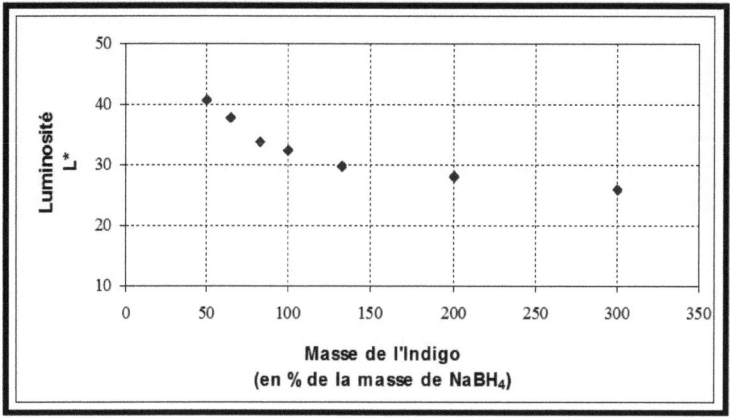

**Figure.III.38:** *Effet de la variation du taux d'indigo sur la luminosité $L^*$*

Par ailleurs, les **Figures.III.39** et **40** représentent respectivement l'évolution des coordonnées colorimétriques $a^*$ et $b^*$ quand le taux d'indigo varie dans le milieu réactionnel. Dans ces deux figures, nous observons que lorsque le taux d'indigo augmente dans le milieu réactionnel jusqu'à 132,35% (par rapport à la masse du borohydrure de sodium), les paramètres colorimétriques $a^*$ et $b^*$ augmentent rapidement. C'est à dire que la nuance de la teinture vire respectivement au rouge ($a^*$ augmente) et au jaune ($b^*$ augmente). De l'autre coté, nous remarquons que quand le taux d'indigo dépasse 132,35%, les coordonnées colorimétriques $a^*$ et $b^*$ restent relativement constantes.

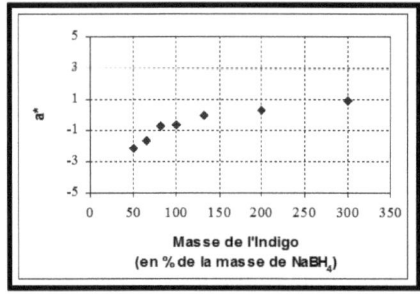

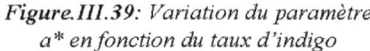

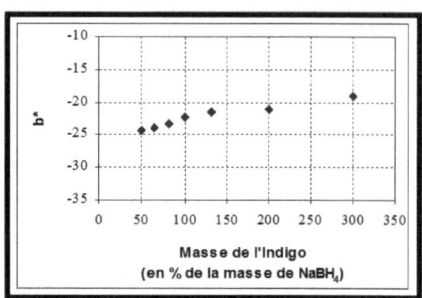

*Figure.III.39: Variation du paramètre*
*a\* en fonction du taux d'indigo*

*Figure.III.40: Variation du paramètre*
*b\* en fonction du taux d'indigo*

## 7- LES EFFETS DE L'AJOUT DE SOUDE CAUSTIQUE

Dans ce paragraphe, nous allons étudier l'effet de l'ajout de soude caustique sur les performances de la réaction de réduction et l'hydrolyse du borohydrure de sodium. Le taux de soude caustique a été varié entre 0 et 20% (par rapport à la masse d'indigo). Les conditions expérimentales appliquées dans cette étude sont :

☞ La température : Variable

☞ Le taux du nickelate cyanure de potassium : 1% (par rapport à la masse d'indigo)

☞ La quantité du borohydrure de sodium : 0,34 g

☞ La quantité d'indigo : 0,34 g

☞ **La quantité de soude caustique** : **Variable**

☞ Le volume total du milieu réactionnel : 170 ml

Il est intéressant de signaler que le réducteur utilisé dans cette étude est également celui fourni par « Acros organics ».

## 7.1- INFLUENCE DE L'AJOUT DE SOUDE CAUSTIQUE SUR LE POTENTIEL REDOX DU MILIEU REACTIONNEL

Nous avons ajouté la soude caustique dans le milieu réactionnel selon des taux bien précis 5, 10, 15 et 20 % (par rapport à la masse d'indigo). La quantité de soude caustique utilisée dans chaque essai a été toujours dissoute préalablement dans 20 ml d'eau distillée. Ensuite, elle a été mise dans le réacteur 5 min après l'ajout de la quantité du borohydrure de sodium. Nous avons étudié tout d'abord l'évolution du potentiel redox du milieu réactionnel à différents taux de soude caustique. Toutes les courbes obtenues sont regroupées dans la *Figure.III.41*.

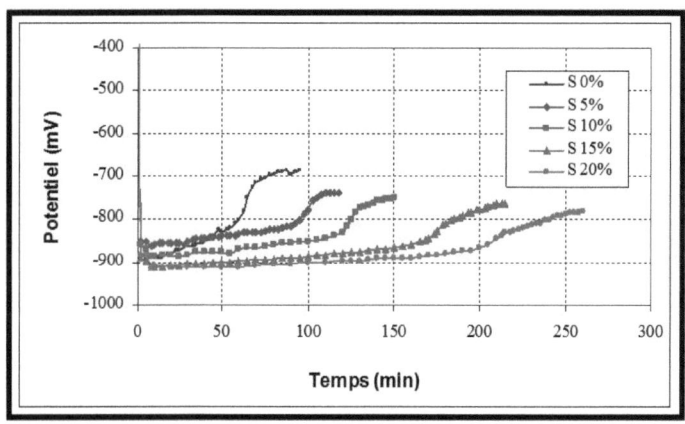

*Figure.III.41*: *Effet de l'ajout de soude caustique sur l'évolution du potentiel du milieu réactionnel en fonction du temps*

Cette figure montre que toutes les courbes ont des allures similaires. Quel que soit le taux de soude caustique mis dans le milieu de réduction, nous observons trois phases d'évolution du potentiel redox. Dans la première phase, le potentiel redox augmente légèrement au cours du temps. Ensuite, il croît brusquement dans la deuxième phase. Puis il se stabilise relativement dans la dernière phase. Le moment où le potentiel redox entame cette troisième phase a été supposé et noté comme étant le temps de la fin de réduction. La **Figure.III.41** montre aussi que le potentiel redox devient plus négatif au fur et à mesure que la quantité de soude caustique augmente dans le milieu. Cela est en accord avec les résultats de Nair et ses collaborateurs [8].

Par ailleurs, la **Figure.III.42** illustre l'évolution du temps de la fin de réduction quand la quantité de soude caustique varie dans le milieu réactionnel. Cette figure montre que si le taux de soude augmente, le temps de la fin de réduction augmente linéairement. Il apparaît que l'ajout de soude fait ralentir la vitesse de la réaction de réduction de l'indigo.

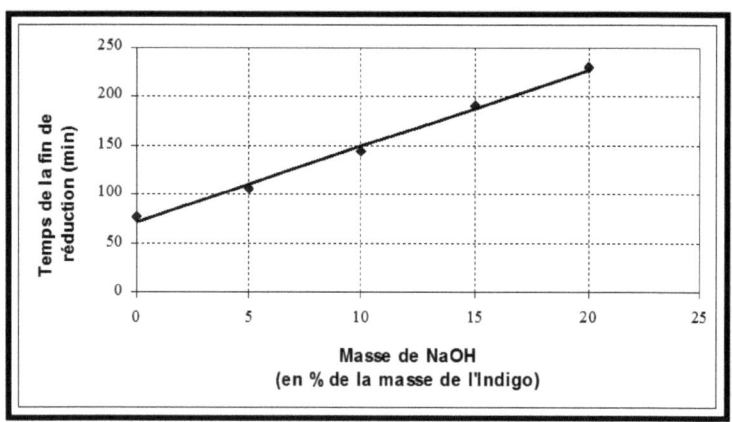

**Figure.III.42:** *Variation du temps de la fin de réduction en fonction du taux de soude caustique ajouté*

## 7.2- INFLUENCE DE L'AJOUT DE SOUDE CAUSTIQUE SUR LE pH DU MILIEU REACTIONNEL

L'étude de l'effet du taux de soude caustique sur l'évolution de pH du milieu réactionnel au cours de la réduction a été également élaborée.

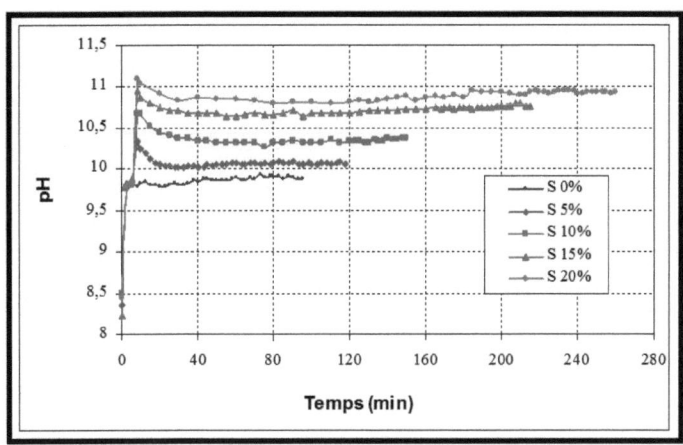

***Figure.III.43:*** *Effet de l'ajout de soude caustique sur l'évolution de pH du milieu réactionnel en fonction du temps*

Les résultats expérimentaux de cette étude sont rapportés dans la ***Figure.III.43*** où nous remarquons que toutes les courbes sont similaires quelque soit le taux de soude caustique introduit dans le milieu (exception faite pour le cas ou le taux de soude est nul). Le pH du milieu réactionnel diminue progressivement lors des premières 30 minutes. Ensuite, il reste quasi constant au cours du reste du temps.

La ***Figure.III.44*** rapporte l'évolution du pH moyen au cours de la réaction de réduction pour différents taux de soude caustique ajoutés. Cette figure fournit un résultat évident. Lorsque le taux de soude augmente dans le réacteur, le pH du milieu réactionnel augmente.

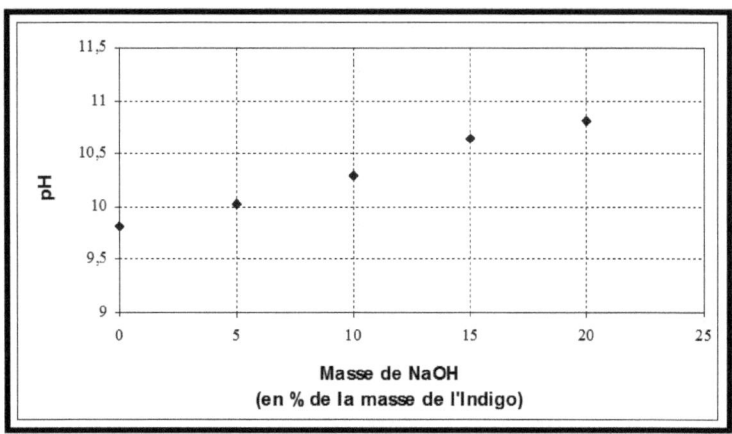

*Figure.III.44:* Evolution de la valeur moyenne de pH du milieu réactionnel
en fonction du taux de soude caustique ajouté

## 7.3- INFLUENCE DE L'AJOUT DE SOUDE CAUSTIQUE SUR LE RENDEMENT DE LA REACTION DE REDUCTION ET LA PERTE EN EAU

Nous avons fait varier le taux de soude caustique entre 0 et 20% (par rapport à la masse d'indigo) dans le milieu réactionnel et nous avons étudié l'effet de cette variation sur le rendement de la réduction et l'hydrolyse du borohydrure de sodium. Les résultats de cette étude expérimentale sont présentés dans la *Figure.III.45.*

La *Figure.III.45* montre que la soude caustique influence énormément les deux principales réactions du milieu réactionnel. Tout d'abord, il est important de signaler que si la soude est introduite avant l'ajout du borohydrure de sodium, la réduction de l'indigo ne peut pas avoir lieu. Il apparaît que la soude bloque probablement l'action du borohydrure de sodium dans ce cas.

La **Figure.III.45** montre que l'ajout de soude caustique permet d'une manière générale d'augmenter le rendement de la réduction. A travers la courbe représentant l'évolution du rendement de réduction, nous pouvons observer deux parties. La première partie est une partie ascendante allant de 0 à 5% (par rapport à la masse d'indigo) en soude caustique. Dans cette zone, l'augmentation du rendement de la réduction est accompagnée d'une augmentation de la réaction d'hydrolyse. Il apparaît ici que l'ajout de petites quantités de soude accentue les deux réactions concurrentes, la réduction de l'indigo et la réaction d'hydrolyse du borohydrure de sodium.

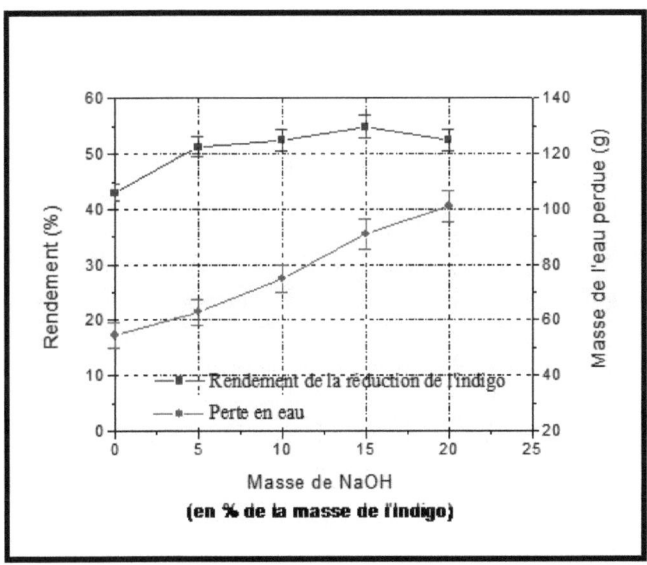

**Figure.III.45:** *Effet de l'ajout de soude caustique sur le rendement de la réaction de réduction et la perte en eau*

La deuxième partie est située au delà de 5% en soude caustique. Dans cet intervalle, nous pouvons noter une relative stabilité du rendement de la réduction. Cependant, cette quasi stabilité du rendement de la réduction est accompagnée d'une augmentation remarquable de la réaction d'hydrolyse du borohydrure de sodium. En effet, nous observons que lorsque la quantité de soude caustique dépasse 5% (par rapport à la masse d'indigo), la perte en eau du volume de réacteur devient très importante. Cette grosse consommation d'eau pourrait être expliquée par les différentes formes de borates produites par la réaction de réduction de l'indigo et la réaction d'hydrolyse du borohydrure de sodium [1,11,12]. Ces formes de borates sont susceptibles de s'hydrolyser encore une fois en consommant une quantité supplémentaire d'eau du milieu réactionnel.

## 7.4- INFLUENCE DE L'AJOUT DE SOUDE CAUSTIQUE SUR LA QUALITE DE LA TEINTURE

### 7.4.1- INFLUENCE DE L'AJOUT DE SOUDE CAUSTIQUE SUR LE DEGRE D'ABSORPTION

Comme précédemment, nous avons teint des échantillons de tissu en coton dans les bains obtenus après la réduction de l'indigo en présence de soude caustique. La qualité de teinture a été appréciée par la mesure du degré d'absorption *(K/S)* des tissus teints à la longueur d'onde 660 nm. La *Figure.III.46* présente l'évolution du degré d'absorption en fonction du taux de soude caustique utilisé. Nous remarquons dans cette figure que l'ajout de la base permet d'une manière générale d'augmenter fortement le degré d'absorption. Nous enregistrons donc une augmentation très nette du rendement de teinture. Nous remarquons aussi qu'au delà de 5% de soude, le degré d'absorption *(K/S)* demeure relativement constant bien que le pH ait augmenté considérablement dans cet intervalle. Ceci est probablement dû au rendement de réduction qui n'a pas beaucoup changé dans cet intervalle (*Figure.III.45*).

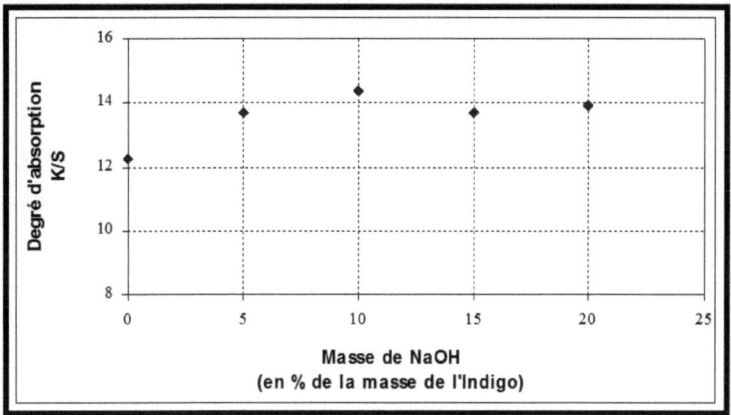

*Figure.III.46: Effet de l'ajout de soude caustique sur*

*le degré d'absorption*

### 7.4.2- INFLUENCE DE L'AJOUT DE SOUDE CAUSTIQUE SUR LES PARAMETRES COLORIMETRIQUES CIELAB (L* a* b*)

La qualité de teinture a été aussi évaluée par la détermination des coordonnées colorimétriques *CIELAB (L* a* b*)* des échantillons teints. Les effets de la variation du taux de soude caustique sur les paramètres $L^*$, $a^*$ et $b^*$ sont rapportés respectivement dans les *Figures.III.47, 48* et *49*. Il est intéressant de signaler que tous les résultats tinctoriaux obtenus concernent uniquement un pH du bain de teinture compris entre 9,95-10,63 (*Figure.III.44*).

La *Figure.III.47* présente l'évolution de la luminosité $L^*$ en fonction des différents taux de soude caustique ajoutés. Dans cette figure, nous remarquons que l'ajout de soude caustique a entraîné généralement une

191

diminution de la luminosité. Comme pour le cas du degré d'absorption, ceci est probablement dû à l'augmentation de la concentration de leuco-indigo dans le milieu après l'ajout de la base. Ainsi, le rendement de teinture a augmenté et nous avons obtenu une nuance plus foncée. C'est pourquoi $L*$ a diminué. Par ailleurs, nous observons que si le taux de soude caustique dépasse 5% (par rapport à la masse d'indigo), la luminosité $L*$ reste relativement stable. Ceci pourrait être dû à la concentration de leuco-indigo qui n'a pas beaucoup changé dans cet intervalle (***Figure.III.45)***.

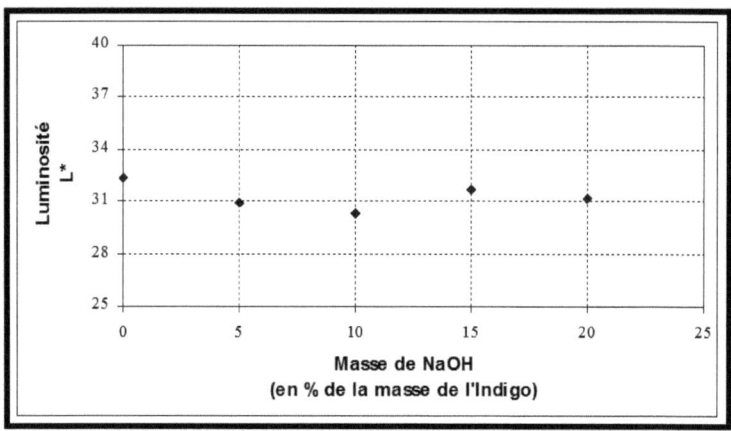

***Figure.III.47:*** *Effet de l'ajout de soude caustique*
*sur la luminosité L\**

La ***Figure.III.48*** montre l'évolution de la coordonnée $a*$ en fonction de l'ajout de soude caustique. Cette figure révèle que l'ajout de soude caustique d'une manière générale permet d'augmenter les valeurs du paramètre colorimétrique $a*$. C'est à dire que l'ajout de la base provoque un virage de la nuance de la teinture au rouge.

La *Figure.III.49* présentant l'évolution de la coordonnée $b*$ en fonction de l'ajout de soude caustique montre que l'ajout de soude permet de diminuer légèrement le paramètre colorimétrique $b*$. Ainsi, nous remarquons une légère déviation de la nuance vers le bleu quand le taux de soude caustique augmente dans le bain. Toutefois, cette déviation reste non significative.

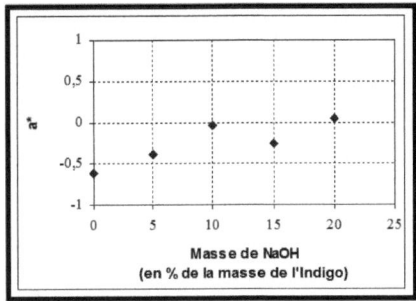

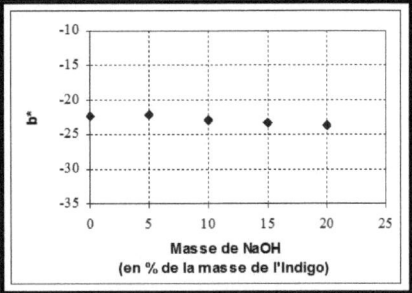

*Figure.III.48:* Variation du paramètre $b*$ en fonction de la quantité de soude

*Figure.III.49:* Variation du paramètre $b*$ en fonction de la quantité de soude

## 8- CONCLUSION

Comme toutes les réactions chimiques, la réaction de réduction de l'indigo par le borohydrure de sodium dépend des conditions opératoires. Evidemment, ces conditions influencent les performances de la réduction de l'indigo et l'hydrolyse du borohydrure de sodium. Ce que nous pouvons retenir de cette étude :

☞ La température a un effet cinétique sur la réduction de l'indigo par le borohydrure de sodium. Lorsqu'elle augmente, la réaction de réduction se termine rapidement. De plus, l'hydrolyse du borohydrure de sodium devient importante. Le rendement maximal de la réduction a été obtenu à

55°C. Par contre, le rendement maximal de la teinture a été enregistré à 40°C.

☞ Comme la température, l'augmentation du taux de catalyseur à savoir le nickelate cyanure de potassium dans le bain permet d'accélérer la réaction de réduction tout en diminuant l'ampleur de l'hydrolyse du borohydrure de sodium. Son effet intervient aussi bien sur le rendement de la réduction que sur le rendement de teinture. Le rendement maximal de la réduction a été enregistré à un taux de catalyseur égal à 1% (par rapport à la masse d'indigo). Toutefois, le rendement maximal de teinture a été obtenu pour 0,75% du catalyseur.

☞ La variation du taux de réducteur influe énormément la réaction de réduction de l'indigo par $NaBH_4$. Son augmentation dans le milieu réactionnel entraine une augmentation du pH, une diminution du potentiel redox et une augmentation du taux d'hydrolyse de l'agent réducteur. Par ailleurs, l'ajout du réducteur jusqu'à 100% (par rapport à la masse d'indigo) permet d'augmenter le rendement de la réduction et le rendement de teinture : le degré d'absorption *(K/S)* augmente et la luminosité *L\** diminue (nuances de plus en plus foncées). Le paramètre colorimétrique *a\** croît également, ce qui montre que la nuance de teinture vire au rouge avec l'augmentation du taux de réducteur. Au delà de 100%, tous les paramètres cités précédemment se stabilisent.

☞ La qualité commerciale du borohydrure de sodium, elle aussi influe considérablement les performances de la réaction de réduction de l'indigo par $NaBH_4$. Il apparait que l'utilisation d'une qualité technique du borohydrure de sodium permet de donner des rendements de réduction et de teinture plus importants que l'utilisation d'une qualité commerciale destinée pour un usage des laboratoires. Ceci pourrait s'expliquer par la quantité et la nature des impuretés qui existent dans chaque qualité commerciale du borohydrure de sodium.

☞ L'étude de la variation de taux d'indigo révèle que l'augmentation de ce dernier entraine une diminution du pH du milieu réactionnel, du temps de la réduction et du taux d'hydrolyse du borohydrure de sodium. De l'autre coté, l'ajout de l'indigo jusqu'à 132,35% (par rapport à la masse du borohydrure de sodium) fait augmenter le rendement de la réduction. Au delà de cette valeur, le rendement de la réduction diminue légèrement. Par ailleurs, l'augmentation du taux d'indigo jusqu'à 132,35% permet aussi d'augmenter le rendement de la teinture : le degré d'absorption $(K/S)$ augmente et la luminosité $L^*$ diminue (la nuance est de plus en plus foncée). Ceci est probablement dû à l'augmentation de la concentration de leuco-indigo dans le bain. De plus, la nuance vire à la fois vers le rouge ($a^*$ augmente) et vers le jaune ($b^*$ augmente aussi). Au delà de 132,35%, tous les paramètres colorimétriques se stabilisent pratiquement.

☞ Contrairement à la température et au catalyseur, l'ajout de soude caustique entraine une augmentation du temps de la réduction. Lorsque le taux de soude ajouté est inférieur à 5% (par rapport à la masse d'indigo), le rendement de la réduction et l'hydrolyse du réducteur augmentent. De plus, le rendement de teinture augmente puisque le degré d'absorption $(K/S)$ augmente et la luminosité $L^*$ diminue (nuance est de plus en plus foncée). En outre, la nuance de teinture devient plus rouge (la coordonnée colorimétrique $a^*$ augmente). Au delà de 5% en soude caustique, le rendement de la réduction et le rendement de teinture se stabilisent (le degré d'absorption $(K/S)$, la luminosité $L^*$ et le paramètre colorimétrique $a^*$ se stabilisent). Toutefois, le taux d'hydrolyse du borohydrure de sodium devient très important.

# 9- MATERIELS & TECHNIQUES EXPERIMENTALES

## 9.1- PROTOCOLE OPERATOIRE DE LA REDUCTION DE L'INDIGO PAR LE BOROHYDRURE DE SODIUM

### 9.1.1- REACTIFS & APPAREILLAGES

#### 9.1.1.1- Réactifs chimiques

**Borohydrure de sodium n°1:** C'est l'agent réducteur utilisé. Nous avons utilisé une première qualité commerciale technique fournie par la société Finnish Chemicals OY (Finlande) sous la marque Hydrifin®. Sa formule chimique est $NaBH_4$ et sa pureté est supérieure à 98%.

**Borohydrure de sodium n°2:** Nous avons utilisé une deuxième qualité commerciale fournie par la société Acros Organics (Allemagne). Sa formule chimique est $NaBH_4$ et sa pureté est 99%.

**Indigo :** C'est le colorant utilisé (C.I. Vat Blue1). Il est fourni par la société Bezema (Suisse) sous forme de poudre. Sa formule chimique est $C_{16}H_{10}O_2N_2$. Il est d'une qualité technique.

**Nickelate cyanure de potassium :** C'est le catalyseur utilisé pour activer l'action du réducteur. Nous l'avons synthétisé selon la méthode de synthèse indiquée en « Inorganic Synthesis » [13] (page 122) et purifié selon la technique décrite dans **le chapitre II** « *6.1.2.3-* » (pages 122 et 123).

**Soude caustique :** C'est l'agent alcalin utilisé de formule chimique NaOH. Il est fourni par la société Kaustik JSC (Russie). Sa pureté est 99%.

#### 9.1.1.2- Matériels

**Potentiomètre :** Les mesures du potentiel redox dans le réacteur chimique ont été faites avec un potentiomètre type Metrohm pH-meter 744 (Suisse) équipé d'une électrode en platine et une électrode de référence (Ag/AgCl, 3M KCl).

**pH-Mètre :** Les mesures du pH dans le réacteur chimique ont été faites avec un pH-mètre type Knick pH-Meter 765 Calimatic (Allemagne).

### 9.1.2- PROTOCOLE OPERATOIRE DE LA REDUCTION

Pour l'étude des effets de paramètres suivants : la température, le taux de catalyseur, le taux du borohydrure de sodium, la qualité commerciale du borohydrure de sodium, le taux d'indigo, le protocole opératoire de la réduction est identique à celui décrit en **chapitre II « 6.2.2. »** (*Figure.II.9,* pages 125 et 126). Pour l'étude des effets de l'ajout de soude caustique, la quantité de soude à étudié est dissoute tout d'abord dans 20 ml d'eau distillée. Ensuite, ce volume est introduit dans le milieu réactionnel après cinq minutes de l'ajout du borohydrure de sodium.

## 9.2- EVALUATION DES PERFORMANCES DE LA REDUCTION DE L'INDIGO PAR LE BOROHYDRURE DE SODIUM

### 9.2.1- METHODE POTENTIOMETRIQUE DE DETERMINATION DU RENDEMENT DE LA REDUCTION

Les réactifs chimiques, les appareillages et le mode opératoire utilisés pour la détermination du rendement de la réduction sont les mêmes que ceux utilisés dans **le chapitre II** (pages 126 et 127).

### 9.2.2- METHODE COLORIMETRIQUE POUR L'EVALUATION TINCTORIALE

#### *9.2.2.1- Méthode de teinture*

##### *9.2.2.1.1- Matière textile*

La matière textile utilisée dans ces expérimentations est la même que celle décrite dans **le chapitre II** (page 128).

*9.2.2.1.2- Protocole opératoire de teinture*

Le protocole opératoire employé pour la teinture de la matière textile est le même que celui décrit dans **le chapitre II** (page 130).

### 9.2.2.2- Méthode colorimétrique pour l'évaluation de la teinture

La méthode colorimétrique et l'appareillage utilisés pour déterminer les coordonnées colorimétriques *CIELAB (L\* a\* b\*)* et le degré d'absorption *(K/S)* sont les mêmes que ceux décrits dans **le chapitre II** (page 130).

# REFERENCES BIBLIOGRAPHIQUES

[1]- H. I. Schlesinger, H. C. Brown, A. E. Finholt, J. R. Gilbreath, H. R. Hoekstra et E. K. Hyde, *J. Amer. Chem. Soc.*, 75(1), 218 (1953).

[2]- D. Hua, Y. Hanxi, A. Xinping et C. Chuansin, *Int. J. Hydrogen Energy*, 28, 1095-1100 (2003).

[3]- P. Kubelka et F. Munck, *Z. Techn. Phys.*, 12, 593-601 (1931).

[4]- J. N. Etters, *Amer. Dyes. Rep.*, 81(3), 17 (1992).

[5]- J. N. Etters, *Amer. Dyes. Rep.*, 83(6), 26 (1994).

[6]- J. N. Etters, *Amer. Dyes. Rep.*, 87(9), 15-17 (1998).

[7]- J. N. Etters, *Tex. Res. J.*, 61(12), 773-776 (1991).

[8]- G. P. Nair et R. C. Shah, *Tex. Res. J.*, 40, 303-312 (1970).

[9]- J. T. Langland et M. M. Kreevoy, *Tex. Res. J.*, 45, 532 (1975).

[10]- M. M. Kreevoy et R. W. Taft, *J. Am. Chem. Soc.*, 79, 4016 (1957).

[11]- R. E. Davis, E. Bromels et C. L. Kibby, *J. Amer. Chem. Soc.*, 84, 885-892 (1962).

[12]- J. -H. Wee, K.-Y. Lee et S. H. Kim, *Fuel Proc. Tech.*, 87, 811-819 (2006).

[13]- W. C. Fermeliusn, « Inorganic Synthesis », Vol II, p. 227-228, Rober E. Krieger Publishing Company, New York (1978).

# ETUDE DE L'EFFET DE LA NATURE DU CATALYSEUR & EVALUATION TINCTORIALE

# ETUDE DE L'EFFET DE LA NATURE DU CATALYSEUR & EVALUATION TINCTORIALE

## 1- INTRODUCTION

Nous avons vu dans le deuxième chapitre que la réduction de l'indigo par le borohydrure de sodium n'est possible qu'en présence d'un catalyseur. Nous avons même remarqué expérimentalement que sans l'ajout de ce catalyseur, la réaction de réduction ne pourrait pas avoir lieu. Le catalyseur employé lors de nos réactions de réduction est un sel métallique à base de nickel à savoir le nickelate cyanure de potassium $K_2Ni(CN)_4$. Le choix de ce catalyseur a été inspiré des études précédentes faites sur la réduction de certains colorants de cuve par le borohydrure de sodium [1-5]. Bien que la quantité de catalyseur employée soit toujours faible (de l'ordre de 1% par rapport à la masse d'indigo), l'utilisation de ce sel métallique contenant du nickel et du cyanure n'est pas totalement concluant vu les problèmes sanitaires et écologiques qui pourraient être probablement posés par son emploi.

L'objectif de ce chapitre est d'étudier l'effet de la nature de catalyseur sur les performances de la réaction de réduction de l'indigo et sur l'hydrolyse du borohydrure de sodium. Cette étude nous permettra par la suite de choisir le sel métallique (c'est à dire le catalyseur) le plus convenable qui permet de :

☞ Donner les résultats optimaux pour la réduction et la teinture.

☞ Eviter ou diminuer au maximum les problèmes cités précédemment.

☞ Etre à un prix bon marché.

Il est impératif de signaler que ce chapitre contient aussi un rappel bibliographique sur l'effet des sels métalliques sur la réduction par le borohydrure de sodium et sur son hydrolyse.

## 2- RAPPELS BIBLIOGRAPHIQUES

### 2.1- EFFET DES SELS METALLIQUES SUR L'HYDROLYSE DU BOROHYDRURE DE SODIUM

La réaction d'hydrolyse du borohydrure de sodium est une réaction qui dépend énormément du pH et de la température du milieu réactionnel. En outre, elle dépend des sels métalliques contenus dans ce milieu. Schlesinger et son équipe [6] sont les premiers qui ont découvert l'effet catalytique de ces composés sur la réaction d'hydrolyse du borohydrure de sodium. Au début, ils ont testé des réactifs connus par leur activité catalytique comme les catalyseurs à base de platine oxydé, l'oxyde de cuivre et chrome et le nickel de Raney. Les résultats obtenus ont prouvé que tous ces composés influencent la réaction d'hydrolyse du borohydrure de sodium.

Afin d'analyser de près ce phénomène, Schlesinger et ses collaborateurs [6] ont entamé une deuxième étude sur les sels de chlorure de manganèse (II), fer (II), cobalt (II), nickel (II) et de cuivre. Ils ont trouvé que tous ces sels réagissent rapidement avec les solutions de borohydrure et forment des précipités noirs. Selon ces chercheurs, les précipités observés pourraient probablement être des borures : $CO_2B$. De plus, ces solutions obtenues se caractérisent par une action catalytique dont la plus importante est celle du cobalt (c'est à dire que le cobalt est celui qui dégage rapidement le plus grand volume d'hydrogène).

Toutefois, des chercheurs russes [7] se sont intéressés à l'étude de l'effet de la variation de la quantité de chlorure de nickel sur l'hydrolyse du borohydrure de sodium. Etudiant l'ajout du chlorure de nickel dans la solution de borohydrure de sodium, ils ont constaté que le volume total d'hydrogène libéré n'est proche du volume total théorique que pour des petites quantités de chlorure de nickel seulement. En revanche, lorsque le taux de chlorure de nickel augmente dans le milieu, le volume total d'hydrogène libéré diminue. Ce volume total atteint finalement une valeur constante égale à 75% (par rapport au volume théorique total d'hydrogène libéré lorsque le borohydrure est complètement hydrolysé seul) pour un rapport de $NiCl_2/NaBH_4$ égal à 1/2. Ils ont expliqué cette diminution par l'apparition d'une autre réaction dans le milieu entre le borohydrure de sodium et le chlorure de nickel.

Pendant ces dernières décennies, la génération de l'hydrogène a suscité un intérêt considérable. Récemment, ce combustible a été qualifié par les scientifiques comme étant une future source d'énergie qui pourrait être sans doute une alternative possible au pétrole. Par conséquent, les études sont orientées vers la recherche d'autres catalyseurs permettant d'augmenter et accélérer le dégagement d'hydrogène pour une application commercialisée. Parmi ces premières études, nous citons celles de Levy [8] et Kaufman [9] qui ont employé les borures de nickel et de cobalt comme catalyseurs essentiellement pour le contrôle de la génération de l'hydrogène.

Ensuite, Amendola et ses collaborateurs [10,11] ont rapporté que le taux d'hydrogène le plus élevé pourrait être atteint en faisant l'hydrolyse du borohydrure de sodium en présence de ruthénium porté par des résines échangeuses d'ions. Suda [12] et Kojima [13] ont respectivement étudié l'effet des composés métalliques fluorés et le platine couverts par un oxyde métallique sur l'hydrolyse du borohydrure de sodium dans un milieu alcalin.

Récemment, Hua [14] a découvert que le traitement thermique d'un boride de nickel à 150°C permet d'augmenter son activité catalytique et sa stabilité. Kim et ses collaborateurs [15] ont développé un nouveau catalyseur de hautes performances à base d'un mélange de nickel et de cobalt. Selon Kim, ce catalyseur permet d'avoir une hydrolyse très rapide et efficace du borohydrure de sodium.

## 2.2- EFFET DES SELS METALLIQUES SUR LA REDUCTION PAR LE BOROHYDRURE DE SODIUM

Depuis longtemps le borohydrure de sodium est connu comme étant un agent réducteur qui ne pouvait réduire ni les esters ni les acides carboxyliques ni les amides ni les nitriles dans les conditions ordinaires. Toutefois, des études précédentes ont montré que l'ajout de certains sels métalliques dans les solutions du borohydrure de sodium augmente considérablement la réactivité de cet agent réducteur [16]. Par exemple, l'addition d'une quantité de chlorure ou de bromure de lithium équivalente à une mole du borohydrure de sodium dans le diglyme provoque la formation d'un précipité constitué par un sel de sodium et également la formation in situ du borohydrure de lithium comme suit :

$$NaBH_4 \ + \ LiCl \ \xrightarrow{\text{Diglyme}} \ LiBH_4 \ + \ NaCl \downarrow$$

Le borohydrure de lithium obtenu possède des propriétés réductrices plus fortes même que celle du borohydrure de sodium initialement mis [17,18]. Le réactif pourrait être utilisé directement sans élimination du précipité formé. A une température de 100°C, plusieurs types d'esters ont été réduits aux alcools correspondants en une durée de 1 à 3 heures en utilisant un mélange de borohydrure de sodium et de bromure de lithium. Dans ces mêmes conditions, lorsque le borohydrure de sodium est employé seul, il ne pouvait réduire ces esters qu'avec un rendement très faible [17].

De même, d'autres études faites par Brown et son équipe [19] ont révélé qu'un mélange de borohydrure de sodium et de chlorure de lithium est aussi efficace pour la réduction des esters dans le monoglyme (diméthyle éther d'éthylène glycol).

Plus tard, les chercheurs ont pensé que l'emploi d'autres ions à un potentiel ionique très élevé pourrait être beaucoup plus efficace. Par exemple, Fujii [20] a montré que des cétones $\alpha,\beta$ insaturées pourraient être converties plus facilement en leurs alcools correspondants en ajoutant avec le borohydrure de sodium une quantité de chlorure de calcium.

A travers les chlorures des alcalins terreux étudiés, il apparut que c'était seulement le $CaCl_2$ qui donne le meilleur rendement et la meilleure sélectivité lors de l'étude de la réduction de 2-cyclohexan-1-one par le borohydrure de sodium. Pour cette étude, les rendements obtenus et les rapports des formes réduites trouvées (forme réduite obtenue avec une réduction 1,2/forme réduite obtenue avec réduction 1,4) pour chaque sel d'alcalins terreux employés sont résumés dans ce qui suit [20] :

| Sel additionné | Rendement (%) | Rapport de 1,2/1,4 |
| --- | --- | --- |
| Sans sel | - | 51/49 |
| MgCl$_2$ | 85 | 95/05 |
| CaCl$_2$ | 92 | 97/03 |
| SrCl$_2$ | 91 | 81/19 |
| BaCl$_2$ | 86 | 93/07 |

Par ailleurs, l'addition d'une mole de chlorure d'aluminium à 3 moles du borohydrure de sodium dans le diglyme donne une solution très claire [19,21]. Mais aucun précipité de chlorure de sodium n'était observé. Néanmoins, cette solution présente des propriétés réductrices très élevées très proches même de celle de l'aluminohydrure de lithium (LiAlH$_4$). Ce réactif obtenu à savoir le borohydrure d'aluminium Al(BH$_4$)$_3$ pourrait réduire facilement plusieurs groupements chimiques comme les esters, les acides carboxyliques, les époxydes, les lactones, les nitriles, etc. [19]

Le chlorure de zirconium ZrCl$_2$ est un sel métallique qui a été aussi testé pour la réduction des fonctions carbonyles avec le borohydrure de sodium. Ce sel permet de réduire les aldéhydes sélectivement avec un rendement important. Un exemple de ce type de réduction est illustré dans la réaction suivante [22] :

Le chlorure d'étain SnCl$_2$ est un sel qui a été étudié par Ono et Hayakawa [23]. Ces chercheurs ont montré qu'en présence des cétones, la réduction des aldéhydes aromatiques est plus sélective lorsqu'on utilise un mélange NaBH$_4$/SnCl$_2$ dans le THF :

$$\text{PhCHO} \xrightarrow{\text{NaBH}_4\text{-SnCl}_2} \underset{96,8\%}{\text{PhCH}_2\text{OH}} + \underset{92\%}{\text{PhCOPh}}$$

D'ailleurs, il est intéressant de signaler que la réduction sélective des aldéhydes par les borohydrures alcalins et en présence des cétones est impraticable dans les conditions ordinaires [24].

L'emploi d'autres sels métalliques dans la réduction par le borohydrure de sodium a dévoilé que ces sels affectent considérablement la stéréochimie du produit synthétisé. Par exemple, le chlorure de titane TiCl$_4$ est un chélateur très fort. Son utilisation avec le borohydrure de sodium dans la réduction des α-alkyl-β- cétoesters donne un isomère *syn*. Alors que l'emploi du chlorure de cérium CeCl$_3$ qui est un agent non chélateur, permet d'obtenir un isomère *anti* [25].

Les cétoesters pourraient être également réduits en hydroxyesters correspondants en utilisant un mélange NaBH$_4$/ZnCl$_2$ comme suit [26] :

R, R$_1$ = alkyl/aryl
n = 1,2
75 - 83%

Ce même système de réduction NaBH$_4$/ZnCl$_2$ a révélé aussi des propriétés réductrices très intéressantes lorsqu'il a été employé en présence d'amines tertiaires. Ce système permet de réduire facilement les esters carboxyliques en leurs alcools correspondants [27]. Toutefois, en l'absence d'amine cette réduction ne peut pas avoir lieu.

NaBH$_4$-ZrCl$_2$

Amine Teriaire, THF

$\Delta$, 2h

52-98%

R=Me, Et

X=2-Br, 2-SCH$_2$Ph, 4-NO$_2$, 4-OH

La stéréosélectivité de la réduction de 3 céto-2-methylester et 3 céto-2-methylamide par le borohydrure de sodium en présence d'une quantité catalytique du chlorure de manganèse MnCl$_2$ donne leurs erythro-alcools correspondants. Parmi les sels métalliques testés par Fujii [28], il apparut que c'était le MnCl$_2$ qui offrait la sélectivité maximale :

NaBH$_4$

MnCl$_2$ (0,2mM)

Erythro:Threo

(95:05)

Le chlorure de palladium PdCl$_2$ a été étudié par l'équipe de Satoh [29]. Ces chercheurs ont indiqué que lorsque ce sel est employé en présence de

NaBH$_4$, ce dernier permet de réduire les arylcétones, les chlorures d'aryles et les alcools benzyliques en leurs hydrocarbones :

$$Ar \overset{O}{\underset{}{\underset{R}{\bigg\|}}} \quad \xrightarrow[\text{MeOH}]{\text{NaBH}_4\text{-PdCl}_2} \quad Ar \diagup R$$

25-91%

R= aryl/alkyl

Les chlorures des lanthanes ont été aussi examinés par Luche [30-32] lequel a observé que c'était seulement le CeCl$_3$ qui offre la meilleure réduction 1,2 sélectives des énones par le borohydrure de sodium. Pour cette étude, les rendements obtenus et les rapport des formes réduites trouvées (forme réduite obtenue avec une réduction 1,2/ forme réduite obtenue avec réduction 1,4) pour chaque sel de lanthane employé sont résumés dans ce qui suit:

| Nature de cation du sel Additionné | Rapport de 1,2/1,4 |
|---|---|
| La$^{3+}$ | 90/10 |
| Ce$^{3+}$ | 97/03 |
| Sm$^{3+}$ | 94/06 |
| Eu$^{3+}$ | 93/07 |

Par contre, Luche a observé que le système de réduction NaBH$_4$/CeCl$_3$ n'avait pas d'influence sur les acides carboxyliques, les ester, les amides, les halites, les groupes de cyano et de nitro.

Les sels de cuivre tel que le sulfate CuSO$_4$ ont été également employés en combinaison avec le borohydrure de sodium. Ces sels ont été surtout testés pour la réduction des composés nitro [33] et pour la réduction des azides [34]. Un exemple de ces réactions est illustré dans le schéma suivant :

Il a été aussi rapporté que les sels de cuivre ont été également appliqués pour la réduction des cétones, des esters aliphatiques, des oléfines et des nitriles [16].

Le chlorure de cobalt est un sel qui a été utilisé avec le borohydrure de sodium pour réduire les amides avec un excellent rendement dont un exemple est rapporté dans le schéma ci-dessous. Le système NaBH$_4$/CoCl$_2$ a été largement appliqué dans les synthèses chimiques médicinales [35,36].

$$n\text{-}C_3H_7CONH_2 \xrightarrow{\text{NaBH}_4\text{-CoCl}_2} n\text{-}C_3H_7CH_2NH_2$$
$$70\%$$

Le chlorure de nickel NiCl$_2$ quant à lui, a été surtout employé pour la réduction des azides et des nitriles [37,38,16]. Voici un exemple d'une réduction sur un azide élaborée par Rao [40]:

$$p\text{-}X\text{-}C_6H_4CON_3 \xrightarrow[\text{MeOH, 0-10°C}]{\text{NaBH}_4\text{-NiCl}_2.6H_2O} p\text{-}X\text{-}C_6H_4CONH_2$$
$$80\text{-}100\%$$

## 2.3- LES POSSIBILITES D'INTERVENTION DE CATALYSEUR DANS LA REACTION DE REDUCTION DE L'INDIGO PAR LE BOROHYDRURE DE SODIUM

Nous avons vu précédemment qu'en absence de nickelate cyanure de potassium $K_2Ni(CN)_4$, la réduction de l'indigo par le borohydrure de sodium ne peut pas avoir lieu. Ceci pourrait être dû à la forte stabilité des fonctions carbonyles de l'indigo. En effet, tenant compte de ce qui a été expliqué dans la littérature [39-41] : à l'instar de tous les colorants de cuve, l'indigo a une structure moléculaire très conjuguée. Tous les atomes de l'indigo possèdent une hybridation $sp2$. Cette propriété, avec la présence de ponts hydrogènes intra et intermoléculaire dans sa structure confèrent à la molécule de l'indigo une grande stabilité. Par conséquent, les fonctions carbonyles de l'indigo ont une faible réactivité chimique vis-à-vis des attaques des ions hydrure $H^-$.

Cependant, Il est fort probable que l'ajout de nickelate cyanure de potassium permet de créer des interactions chimiques entre l'atome de métal du catalyseur et l'atome d'oxygène de la fonction carbonyle de l'indigo. Ces interactions provoquent une perturbation au niveau du nuage électronique de l'atome de carbone de cette fonction carbonyle. Ainsi, le centre nucléophile existant au niveau de ce carbone sera activé ce qui facilite énormément l'attaque de l'ion hydrure $H^-$. Par suite, la réduction de la fonction carbonyle de l'indigo devient possible.

# 3- LES EFFETS DU CATION DU CATALYSEUR SUR LA REDUCTION DE L'INDIGO PAR LE BOROHYDRURE DE SODIUM

Dans cette partie, nous allons étudier l'effet du cation du catalyseur sur les performances de la réduction de l'indigo et sur l'hydrolyse du borohydrure de sodium. Lors de cette étude, nous allons fixer l'anion (le chlorure Cl⁻) du catalyseur et nous allons faire varier la nature du cation tout en maintenant constants les autres paramètres expérimentaux :

☞ La température : 55°C

☞ **La nature de catalyseur** : **Changement de la nature du cation**

☞ La quantité du catalyseur : $1,41 \times 10^{-5}$ mol.l$^{-1}$

☞ La quantité du borohydrure de sodium : 0,34 g

☞ La quantité d'indigo : 0,34 g

☞ La quantité de soude caustique : 0 g

☞ Le volume total du milieu réactionnel : 170 ml

Les catalyseurs étudiés sont les suivants : $CaCl_2$ ; $MnCl_2$ ; $FeCl_3$ ; $CoCl_2$ ; $NiCl_2$ ; $CuCl_2$ ; $ZnCl_2$ et $K_2Ni(CN)_4$.

## 3.1- INFLUENCE DU CATION DU CATALYSEUR SUR LE POTENTIEL REDOX DU MILIEU REACTIONNEL

### 3.1.1- INFLUENCE DE L'AJOUT DU CATALYSEUR SUR LE POTENTIEL REDOX INITIAL DU MILIEU RÉACTIONNEL

Pour étudier l'influence de la nature du cation du catalyseur, nous avons changé la nature de ce cation dans le milieu réactionnel. Les catalyseurs testés sont ceux mentionnés précédemment. Nous avons employé les mêmes modes opératoires de la réduction et de l'évaluation des performances de cette réduction que ceux employés dans **les chapitres II** et **III** (pages 125, 126 et 127).

Dans ces modes opératoires, nous avons commencé toujours par mettre l'indigo dans la solution puis ajouter le catalyseur. Nous avons évalué alors le potentiel redox initial du milieu réactionnel. Les résultats sont rapportés dans le *Tableau.IV.1*. Chaque valeur présentée dans ce tableau est une moyenne arithmétique calculée à partir des résultats de deux essais.

| Catalyseur | Effet sur le potentiel redox initial de la réaction | Effet sur le pH initial de la réaction |
|---|---|---|
| $CaCl_2$ | Augm. d'environ 3mV | Dimin. d'environ 0,16 |
| $MnCl_2$ | Augm. d'environ 15mV | Dimin. d'environ 0,40 |
| $FeCl_3$ | Augm. d'environ 148mV | Dimin. d'environ 3,55 |
| $CoCl_2$ | Augm. d'environ 12mV | Dimin. d'environ 0,47 |
| $NiCl_2$ | Augm. d'environ 18mV | Dimin. d'environ 0,35 |
| $CuCl_2$ | Augm. d'environ 112mV | Dimin. d'environ 1,59 |
| $ZnCl_2$ | Augm. d'environ 42mV | Dimin. d'environ 1,11 |
| $K_2Ni(CN)_4$ | Dimin. d'environ 174Mv | Augm. d'environ 0,97 |

*Tableau.IV.1: Effet de l'ajout du catalyseur sur
le potentiel redox et le pH initiaux*

Dans ce tableau, nous observons qu'à l'opposé de $K_2Ni(CN)_4$ qui fait diminuer le potentiel redox initial du milieu réactionnel, tous les autres catalyseurs étudiés ont contribué à son augmentation. De plus, nous remarquons que le chlorure de fer (III) et le chlorure de cuivre sont ceux qui permettent la plus forte augmentation de ce potentiel redox. Cette augmentation du potentiel redox peut être attribuée au potentiel redox des couples Ox/Réd ajoutés et qui sont dans tous les cas supérieurs au potentiel du couple de l'indigo initialement présent dans le milieu réactionnel (voir la *Figure.IV.1)*. Les potentiels redox des cations ajoutés les plus élevés sont ceux qui permettent la plus grande augmentation du potentiel redox initial du milieu réactionnel notamment pour le cas de fer (III) et de cuivre qui donnent la plus grande élévation de ce potentiel redox.

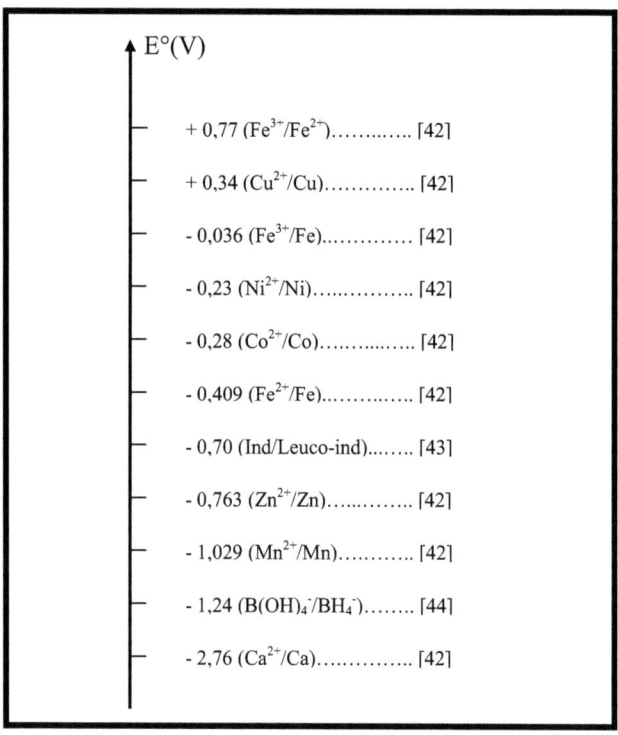

E°(V)

— + 0,77 ($Fe^{3+}/Fe^{2+}$)……..….. [42]

— + 0,34 ($Cu^{2+}/Cu$)………….. [42]

— - 0,036 ($Fe^{3+}/Fe$)…………. [42]

— - 0,23 ($Ni^{2+}/Ni$)……..……. [42]

— - 0,28 ($Co^{2+}/Co$)……..…... [42]

— - 0,409 ($Fe^{2+}/Fe$)………..… [42]

— - 0,70 (Ind/Leuco-ind)…….. [43]

— - 0,763 ($Zn^{2+}/Zn$)…..…….. [42]

— - 1,029 ($Mn^{2+}/Mn$)……….. [42]

— - 1,24 ($B(OH)_4^-/BH_4^-$)…….. [44]

— - 2,76 ($Ca^{2+}/Ca$)………….. [42]

*Figure.IV.1: Echelle des potentiels redox de certains composés utilisés*

### 3.1.2- INFLUENCE DU CATION DU CATALYSEUR SUR L'ÉVOLUTION DU POTENTIEL REDOX

Pour chaque catalyseur mentionné dans le *Tableau.IV.1*, après l'addition du réducteur (NaBH$_4$), nous avons étudié l'évolution du potentiel redox du milieu réactionnel au cours du temps. L'objectif de cette étude est la détermination du temps de la fin de réduction, c'est à dire le temps nécessaire à la consommation de toute la quantité du borohydrure de sodium dans le milieu réactionnel. Cette fin est indiquée généralement par deux indices : une disparition de la mousse de la surface de la solution (formée essentiellement par le dégagement du gaz d'hydrogène généré par la réaction d'hydrolyse du borohydrure de sodium) et une quasi stabilité du potentiel redox de milieu réactionnel après une augmentation brusque (saut brutal du potentiel redox). Les résultats de cette étude sont rapportés dans la *Figure.IV.2*.

Dans cette figure, nous remarquons que le saut du potentiel redox et la phase de la quasi stabilité finale sont nets pour le cas de K$_2$Ni(CN)$_4$ alors qu'ils sont assez visibles pour NiCl$_2$ et surtout pour CoCl$_2$. Ainsi, le moment où le potentiel redox entame la phase de la quasi stabilité finale a été pris et noté comme étant le temps de la fin de réduction pour le cas de ces catalyseurs. Néanmoins, pour le cas de CuCl$_2$, le saut brutal du potentiel redox est bien visible alors que sa phase de la quasi stabilité finale n'est pas observable. Ceci peut être expliqué par la présence des réactions secondaires entre les formes de borates et le cuivre après l'épuisement de la quantité du borohydrure de sodium. Pour ce catalyseur, nous avons supposé que le moment où le potentiel redox commence le saut rapide est le temps de la fin de réduction. Cela correspond aussi à l'indice visuel de la fin de réduction indiqué par l'arrêt du dégagement gazeux de l'hydrogène (épuisement du borohydrure de sodium).

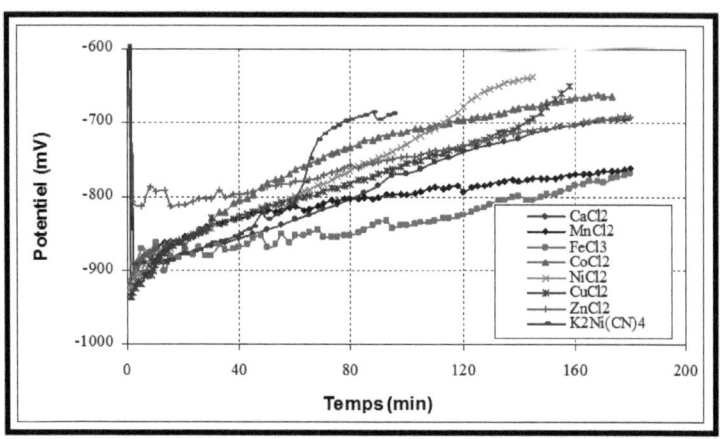

**Figure.IV.2:** *Effet de la nature du cation du catalyseur sur l'évolution du potentiel redox du milieu réactionnel en fonction du temps*

Par ailleurs, pour le cas des catalyseurs suivants : $CaCl_2$ ; $MnCl_2$ ; $FeCl_3$ et $ZnCl_2$ le saut de potentiel redox ainsi que la phase de la stabilité finale ne sont pas observables. Nous avons jugé bon d'arrêter la réaction après une durée de 180 min. L'absence du saut du potentiel redox dans ce cas peut être expliquée par la présence de réactions secondaires de réduction de métal par le borohydrure de sodium.

Dans la ***Figure.IV.2***, il apparaît ainsi qu'à l'exception de $NiCl_2$, toutes les courbes obtenues sont différentes de celles de $K_2Ni(CN)_4$. Nous constatons donc que la nature de catalyseur a une influence considérable sur l'évolution du potentiel redox du milieu de la réduction.

A la fin de la réaction de réduction, nous avons ajusté le volume de la solution jusqu'à 170 ml comme c'était décrit dans le protocole opératoire. Ensuite, nous avons fait le titrage potentiométrique pour déterminer la concentration de la forme réduite dans le bain et calculer par la suite le rendement de la réduction. Il s'avérait que ce sont seulement les réactions de réduction faites avec $CoCl_2$, $NiCl_2$ et $CuCl_2$ qui ont donné des concentrations en formes réduites non nulles. Pour le cas de $MnCl_2$ et $FeCl_3$, les quantités des formes réduites étaient trop faibles dans le bain. Par conséquent, elles n'étaient pas détectées par le potentiomètre.

Pour le cas des catalyseurs permettant une réduction appréciable, nous avons pu déterminer le temps de la fin de réduction correspondant dans la **Figure.IV.3**. Chaque valeur présentée dans cette figure est une moyenne arithmétique calculée à partir des résultats de deux essais. Cette figure montre que les réductions faites avec les deux catalyseurs à base de nickel s'achèvent avant celles catalysés par le $CoCl_2$ et le $CuCl_2$.

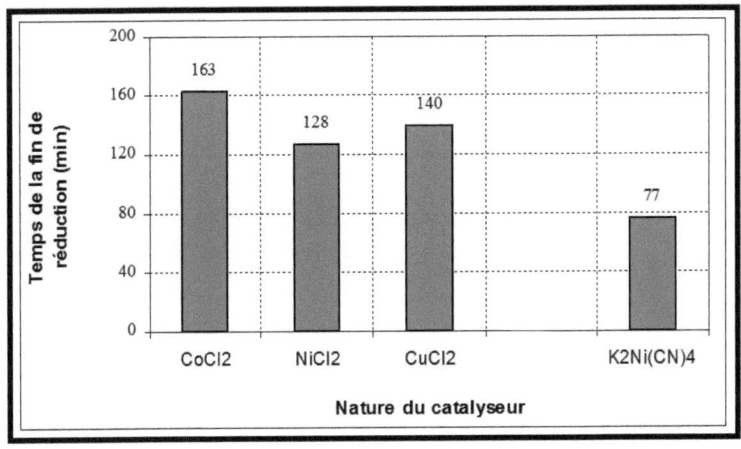

**Figure.IV.3:** *Variation du temps de la fin de réduction*
*en fonction de la nature du cation du catalyseur*

Au cours de la réaction, l'apparition de la coloration verdâtre (la forme réduite ou la forme leuco-indigo) est un bon indice attestant que la réduction de l'indigo par le borohydrure de sodium a eu lieu ou non. Pour chaque catalyseur étudié, nous avons noté le moment où cette coloration verte est apparue. Les résultats obtenus sont regroupés dans la *Figure.IV.4*. Chaque valeur présentée dans cette figure est une moyenne arithmétique calculée à partir des résultats de deux essais.

La *Figure.IV.4* révèle que la réduction de l'indigo par $NaBH_4$ se déclenche plus vite (2min seulement) avec le $CuCl_2$ qu'avec les autres catalyseurs y compris le $K_2Ni(CN)_4$. Toutefois, cette réduction s'achève la dernière après celles catalysés par les sels à base de nickel (*Figure.IV.3*). Ceci pourrait être attribué à la différence de vitesse entre la réaction de réduction de l'indigo et la réaction d'hydrolyse pour chaque type de catalyseur. Par ailleurs, pour les cas de $MnCl_2$ et $FeCl_3$, nous avons observé une légère nuance verdâtre qui est apparue après respectivement 70 et 38 min. Pour le cas de $CaCl_2$ et $ZnCl_2$, aucune coloration verdâtre n'est apparue donc la réduction de l'indigo n'ayant pas eu lieu.

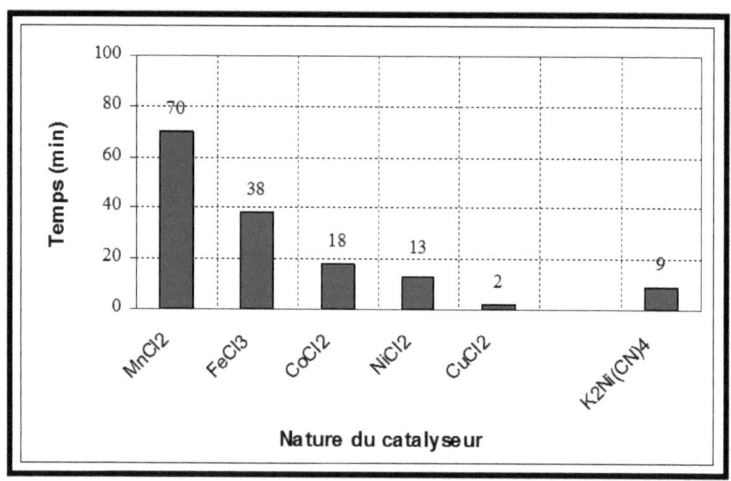

**Figure.IV.4:** *Effet de la nature du cation du catalyseur sur l'apparition de la forme réduite de l'indigo (le commencement de la réduction)*

## 3.2- INFLUENCE DU CATION DU CATALYSEUR SUR LE pH DU MILIEU REACTIONNEL

### 3.2.1- INFLUENCE DE L'AJOUT DU CATALYSEUR SUR LE pH INITIAL DU MILIEU RÉACTIONNEL

Nous avons changé la nature du cation de catalyseur dans le milieu réactionnel et nous avons étudié l'effet de son ajout sur le pH initial du milieu réactionnel. Les résultats obtenus pour les différents catalyseurs testés sont rapportés dans le *Tableau.IV.1*. Chaque valeur présentée dans ce tableau est une moyenne arithmétique calculée à partir des résultats de deux essais. Dans ce tableau, nous remarquons qu'à l'opposé de $K_2Ni(CN)_4$ où son ajout fait augmenter le pH initial du milieu réactionnel, tous les catalyseurs étudiés ont contribué à le diminuer. Cela paraît évident puisque la majorité de ces catalyseurs sont des sels à caractère acide.

### 3.2.2- INFLUENCE DU CATION DU CATALYSEUR SUR L'ÉVOLUTION DU pH

L'effet de la nature du cation de catalyseur sur l'évolution de pH du milieu réactionnel après l'ajout du réducteur ($NaBH_4$) a été aussi étudié. Les résultats de cette étude sont présentés dans la *Figure.IV.5*. Cette figure illustre la variation de pH du milieu au cours de la réduction pour les différents sels métalliques étudiés.

La *Figure.IV.5* montre que toutes les allures des courbes présentées sont similaires quel que soit le cation du catalyseur employé. Le pH reste quasi constant durant la réaction de réduction. De plus, nous observons que tous les catalyseurs étudiés permettent d'avoir un pH du milieu réactionnel supérieur à celui obtenu avec $K_2Ni(CN)_4$.

La *Figure.IV.6* présente l'évolution de la valeur moyenne de pH du milieu réactionnel en fonction du catalyseur testé. Cette figure confirme bien la dernière remarque. Elle montre aussi que dans tous les cas, la réaction se fait en milieu basique.

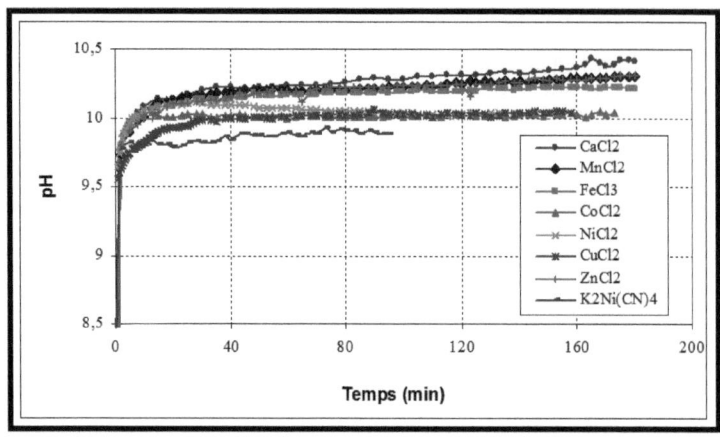

**Figure.IV.5:** *Effet de la nature du cation du catalyseur sur l'évolution de pH du milieu réactionnel en fonction du temps*

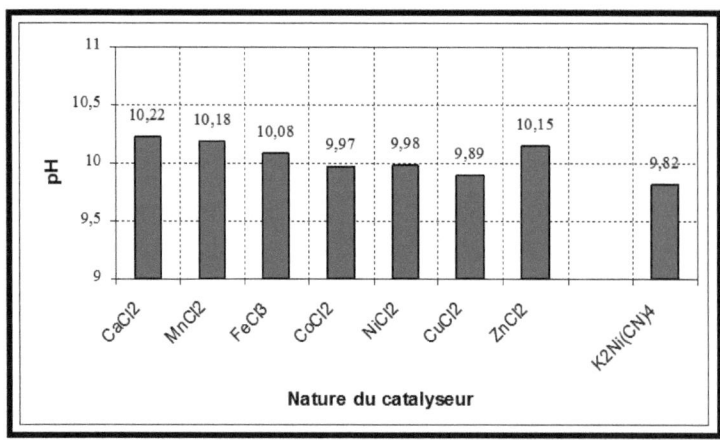

**Figure.IV.6:** *Evolution de la valeur moyenne de pH du milieu réactionnel en fonction de la nature du cation du catalyseur*

## 3.3- INFLUENCE DU CATION DU CATALYSEUR SUR LE RENDEMENT DE LA REACTION DE REDUCTION ET LA PERTE EN EAU

La *Figure.IV.7* présente l'effet du changement de la nature du cation de catalyseur sur le rendement de la réaction de réduction et sur la perte en eau liée essentiellement à la réaction d'hydrolyse du borohydrure de sodium. La détermination du rendement de la réduction et de la masse d'eau perdue est faite selon les mêmes techniques décrites dans **le chapitre III**. Chaque valeur affichée dans la *Figure.IV.7* est une moyenne arithmétique calculée à partir des résultats pour deux essais. Nous rapportons également dans cette figure les incertitudes pour toutes les valeurs affichées.

Dans la *Figure.IV.7*, il apparaît que le catalyseur à base de cuivre est le catalyseur qui permet d'obtenir le meilleur rendement de la réduction. Ceci pourrait être attribué à la forte stabilité du complexe formé à travers les interactions créées entre ce métal et l'atome de l'oxygène du groupement carbonyle de l'indigo. Celle-ci a été expliquée dans la règle de stabilité des complexes proposée par Irving et Williams [45,46]. En effet, à l'exception du fer(III) où nous avons eu un problème de stabilité de l'ion, Irving et Williams ont montré que pour les séries divalentes des métaux Ca, Mn, Fe, Co, Ni, Cu et Zn, quand le rayon ionique des atomes de ces métaux diminue, le potentiel d'ionisation augmente (*Tableau.IV.2*). Par suite, la stabilité des complexes augmente progressivement pour atteindre un maximum chez les complexes de cuivre puis diminuer avec le zinc :

$$Ca < Mn < Fe < Co < Ni < Cu > Zn$$

Ainsi, il est probable que nous aurions un complexe (indigo-cuivre) qui est le plus stable. Par conséquent, la réduction de l'indigo devient plus facile, plus efficace et son rendement augmente.

| Cation | Potentiel d'ionisation (V) [47] | Rayon ionique (Å) [48] |
|---|---|---|
| $Ca^{2+}$ | 11,868 | 99 |
| $Mn^{2+}$ | 15,636 | 80 |
| $Fe^{3+}/Fe^{2+}$ | 30,643/16,18 | 64/74 |
| $Co^{2+}$ | 17,05 | 72 |
| $Ni^{2+}$ | 18,15 | 69 |
| $Cu^{2+}$ | 20,29 | 72 |
| $Zn^{2+}$ | 17,96 | 74 |

*Tableau.IV.2: Potentiel d'ionisation et rayons ioniques*

*des métaux testés*

Dans la *Figure.IV.7*, nous observons aussi que la perte en eau est plus importante dans le cas des catalyseurs $CaCl_2$ et $MnCl_2$. D'une manière générale, nous remarquons que cette perte ne dépend pas uniquement de la nature du cation utilisé mais aussi de la durée de la réaction de réduction.

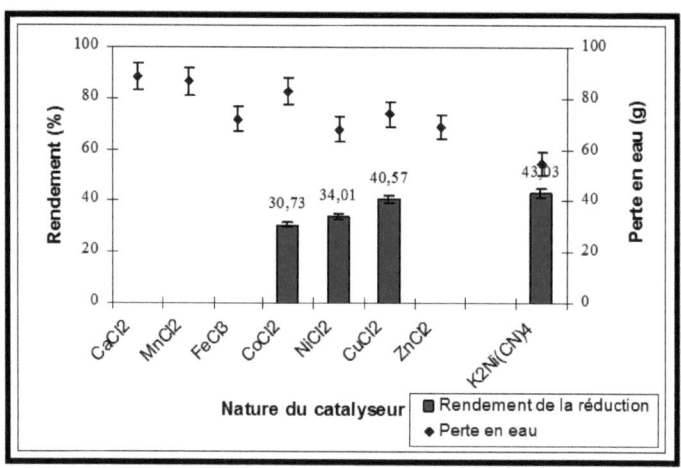

*Figure.IV.7: Effet de la nature du cation du catalyseur sur le rendement de*

*la réaction de réduction et la perte en eau*

## 3.4- INFLUENCE DU CATION DU CATALYSEUR SUR LA QUALITE DE LA TEINTURE

### 3.4.1- INFLUENCE DU CATION DU CATALYSEUR SUR LE DEGRE D'ABSORPTION

Le milieu réactionnel obtenu après la réaction de réduction de l'indigo par le borohydrure de sodium en utilisant les différents catalyseurs testés a été utilisé comme bain de teinture pour des échantillons de tissu en coton. La qualité de cette teinture a été évaluée tout d'abord par la mesure du degré d'absorption *(K/S)* à 660 nm. Pour la détermination de la valeur du degré d'absorption *(K/S)*, la réflectance des échantillons a été mesurée à 660 nm, puis convertie en valeur de *(K/S)* en se basant toujours sur la formule de Kubelka-Munk [49] et les travaux d'Etters [50,51]. Les résultats expérimentaux de cette étude sont représentés dans la ***Figure.IV.8***. Chaque valeur affichée dans cette figure est une moyenne arithmétique calculée à partir des résultats pour deux essais.

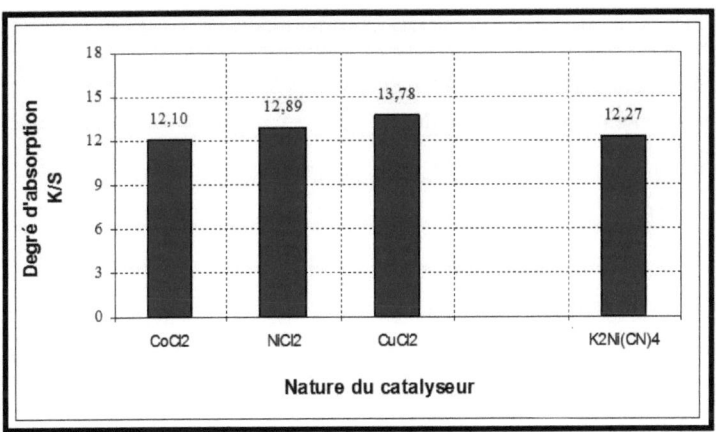

***Figure.IV.8:*** *Effet de la nature du cation du catalyseur sur le degré d'absorption (K/S)*

Dans la ***Figure.IV.8***, mous remarquons que pour les sels de chlorure testés, il apparaît que le cuivre permet d'offrir le meilleur rendement tinctorial (le degré d'absorption *(K/S)* le plus élevé). Ceci pourrait être attribué au rendement maximal de la réduction obtenu pour le cas de $CuCl_2$ (***Figure.IV.7***). Par ailleurs, la petite différence observée dans la ***Figure.IV.8*** entre le degré d'absorption obtenue pour le cas de $K_2Ni(CN)_4$ et pour le cas de $NiCl_2$ pourrait être dû à la différence au niveau du pH du milieu réactionnel de chacun (***Figure.IV.6***).

### 3.4.2- INFLUENCE DU CATION DU CATALYSEUR SUR LES PARAMETRES COLORIMETRIQUES *CIELAB (L\* a\* b\*)*

La qualité de la teinture a été aussi évaluée par la mesure des coordonnées colorimétriques *CIELAB (L\* a\* b\*)*. Il est intéressant de signaler que le paramètre $L^*$ indique la luminosité de la nuance. Le paramètre $a^*$ indique le degré de rougissement/verdissement (si la valeur de $a^*$ augmente, la nuance devient plus rouge et vice versa). Le paramètre $b^*$ indique le degré de jaunissement/bleuissement (si la valeur de $b^*$ augmente, la nuance devient plus jaune et vice versa). Les études de l'effet du changement de la nature du cation de catalyseur sur les paramètres colorimétriques $L^*$, $a^*$ et $b^*$ sont rapportées respectivement dans les ***Figures.IV.9, 10*** et ***11***.

L'observation de la ***Figure.IV.9*** révèle que si nous utilisons le $CuCl_2$ comme catalyseur pour la réduction de l'indigo par $NaBH_4$, nous obtenons la luminosité la plus faible. Ceci est probablement dû au rendement maximal de la réduction enregistré pour le cas de $CuCl_2$ (***Figure.IV.7***). En effet, un rendement maximal de la réduction entraîne généralement un rendement maximal de teinture. Nous aurons dans ces conditions la nuance de teinture la plus foncée et par suite $L^*$ sera la plus faible.

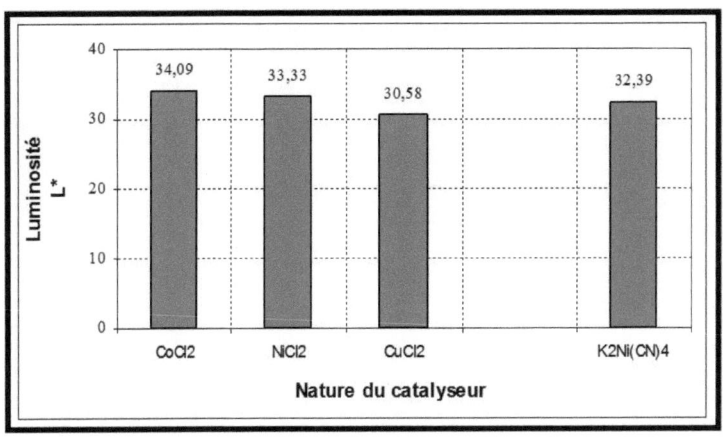

**Figure.IV.9:** *Variation de la luminosité L\* en fonction de*
*la nature du cation du catalyseur*

La **Figure.IV.10** présente l'effet de la nature du cation de catalyseur sur la coordonnée colorimétrique *CIELAB a\**. Cette figure montre que ce paramètre dépend énormément du rendement de la réduction pour les chlorures de cobalt, de nickel et de cuivre employés. Lorsque le rendement de la réduction augmente, la valeur de $a\*$ augmente aussi. Donc, la nuance de la teinture vire vers le rouge.

La **Figure.IV.11** présente l'effet de la nature du cation du catalyseur sur la coordonnée colorimétrique *CIELAB b\**. Cette figure montre que quel que soit le catalyseur employé pour la réduction d'indigo, la valeur de ce paramètre reste quasi constante.

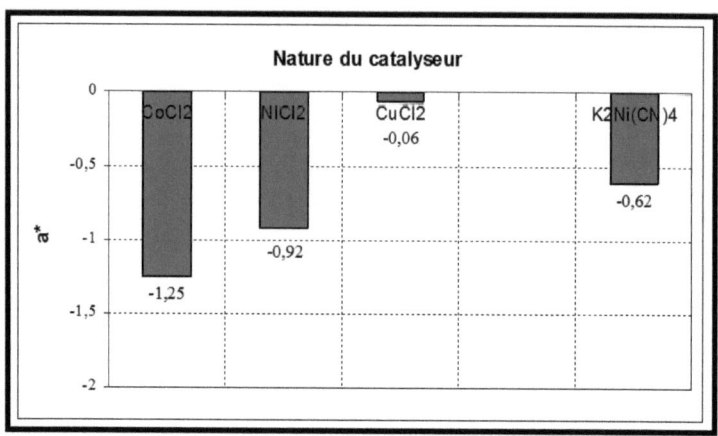

***Figure.IV.10:*** *Variation du paramètre a\* en fonction de*
*la nature du cation du catalyseur*

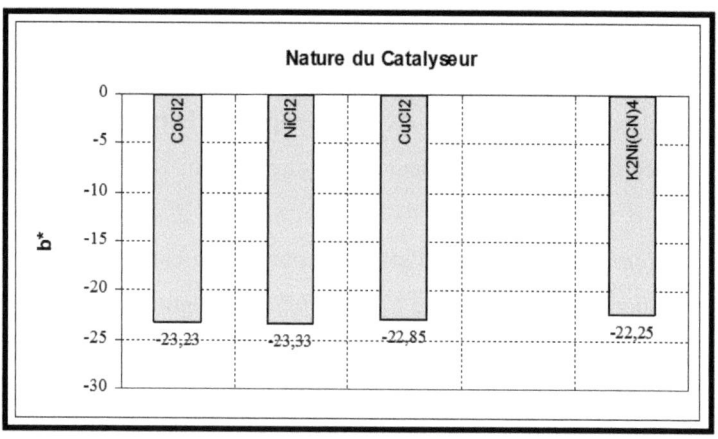

***Figure.IV.11:*** *Variation du paramètre b\* en fonction de*
*la nature du cation du catalyseur*

# 4- LES EFFETS DE L'ANION DU CATALYSEUR SUR LA REDUCTION DE L'INDIGO PAR LE BOROHYDRURE DE SODIUM

L'étude de l'influence de la nature de cation sur le rendement de la réduction de l'indigo par le borohydrure de sodium et sur la qualité de la teinture nous a montré que parmi les meilleurs catalyseurs étudiés est le $CuCl_2$.

Ainsi, nous allons étudier l'effet de l'anion du catalyseur sur le rendement de la réduction et de la teinture en partant des sels de cuivre. Les anions étudiés seront : les chlorures $Cl^-$ ; les bromures $Br^-$ ; les sulfates $SO_4^{2-}$ ; les nitrates $NO_3^-$ et les acétates $CH_3COO^-$ que nous allons comparer au catalyseur initialement étudié $K_2Ni(CN)^4$.

Les autres paramètres expérimentaux sont maintenus constants :

☞ La température : 55°C
**☞ La nature du catalyseur : Changement de la nature de l'anion**
☞ La quantité de catalyseur : $1,41 \times 10^{-5}$ mol.l$^{-1}$
☞ La quantité du borohydrure de sodium : 0,34 g
☞ La quantité d'indigo : 0,34 g
☞ La quantité de soude caustique : 0 g
☞ Le volume total du milieu réactionnel : 170 ml

## 4.1- INFLUENCE DE L'ANION DU CATALYSEUR SUR LE POTENTIEL REDOX DU MILIEU REACTIONNEL

### 4.1.1- INFLUENCE DE L'AJOUT DU CATALYSEUR SUR LE POTENTIEL REDOX INITIAL DU MILIEU RÉACTIONNEL

Nous avons changé la nature de l'anion du catalyseur à base de cuivre dans le milieu réactionnel. Les catalyseurs utilisés sont ceux mentionnés précédemment. Nous avons employé les mêmes modes opératoires de la réduction et de l'évaluation des performances de la réduction que ceux employés dans **les chapitres II** et **III**. Au début du protocole opératoire de réduction, nous avons toujours commencé par mettre l'indigo dans la solution puis introduire le catalyseur. Nous avons évalué alors le potentiel redox initial du milieu réactionnel. Les résultats sont rapportés dans le *Tableau.IV.3*. Chaque valeur présentée dans ce tableau est une moyenne arithmétique calculée à partir des résultats pour deux essais.

| Catalyseur | Effet sur le potentiel redox initial de la réaction | Effet sur le pH initial de la réaction |
|---|---|---|
| $CuCl_2$ | Augm. d'environ 112mV | Dimin. d'environ 1,59 |
| $CuSO_4$ | Augm. d'environ 101mV | Dimin. d'environ 1,65 |
| $Cu(NO_3)_2$ | Augm. d'environ 105mV | Dimin. d'environ 1,6 |
| $CuBr_2$ | Augm. d'environ 67mV | Dimin. d'environ 1,47 |
| $Cu(CH_3COO)_2$ | Augm. d'environ 78mV | Dimin. d'environ 1,41 |
| $K_2Ni(CN)_4$ | Dimin. d'environ 174mV | Augm. d'environ 0,97 |

*Tableau.IV.1: Effet de l'ajout du catalyseur sur le potentiel redox et le pH initiaux*

Dans le *Tableau.IV.3*, nous observons qu'à l'opposé de $K_2Ni(CN)_4$, l'ajout des sels à base de cuivre contribue à augmenter le potentiel redox initial du milieu réactionnel et cela indépendamment de la nature de l'anion utilisé. En outre, il apparaît que ce sont les chlorures, les sulfates et les nitrates de cuivre qui donnent la plus forte augmentation du potentiel redox initial du milieu réactionnel.

## 4.1.2- INFLUENCE DE L'ANION DU CATALYSEUR SUR L'ÉVOLUTION DU POTENTIEL REDOX

Pour chaque catalyseur mentionné dans le *Tableau.IV.3*, après l'addition du réducteur ($NaBH_4$), nous avons étudié l'évolution du potentiel redox du milieu réactionnel au cours du temps. Les résultats de cette étude sont regroupés dans la *Figure.IV.12*.

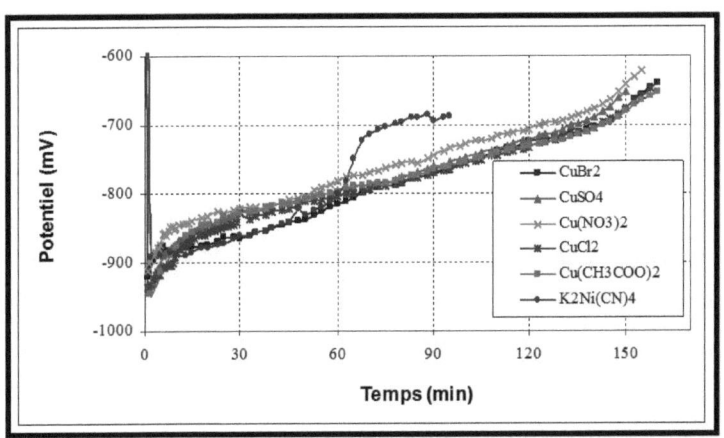

***Figure.IV.12:*** *Effet de la nature de l'anion du catalyseur sur l'évolution du potentiel redox du milieu réactionnel en fonction de temps*

Dans la *Figure.IV.12*, nous observons que toutes les courbes représentant l'évolution du potentiel redox en fonction de temps ont la même allure quel que soit l'anion du catalyseur cuivrique employé. Toutes ces courbes se composent de trois parties. Dans la première partie, le

229

potentiel redox du milieu réactionnel augmente assez rapidement. Au cours de la deuxième partie, le potentiel redox augmente très lentement. Dans la dernière partie, le potentiel redox du milieu réactionnel tend à reprendre une augmentation assez rapide. Ainsi, il apparait qu'à l'opposé de K$_2$NiCN)$_4$, la phase de la quasi stabilité finale n'est pas observable pour tous les catalyseurs à base de cuivre. Ceci peut être expliqué par la présence des réactions secondaires de réduction des ions présents dans le milieu réactionnel. Pour ces catalyseurs à base de cuivre, nous avons supposé que le moment où le potentiel redox commence son évolution finale est le temps de la fin de réduction. Cela correspond aussi à l'indice visuel de la fin de réduction indiquée par l'arrêt du dégagement gazeux (H$_2$) révélant l'épuisement du borohydrure de sodium. La variation du temps de la fin de réduction en fonction de la nature du catalyseur cuivrique est rapportée dans la *Figure.IV.13*. Chaque valeur présentée dans cette figure est une moyenne arithmétique calculée à partir des résultats pour deux essais.

Dans la *Figure.IV.13*, nous observons que tous les catalyseurs à base de cuivre ont des temps de la fin de réduction pratiquement identiques aux alentours de 2h-20 min (140 min). Toutefois, ces temps de la fin de réduction restent très supérieurs à celui de K$_2$Ni(CN)$_4$ (1h-16 min).

Le début de la réaction de réduction peut être observé par l'apparition de la coloration verdâtre due à la présence des formes réduites de l'indigo (forme leuco-indigo). Dans tous les cas des sels de cuivre étudiés, cette coloration apparait très rapidement (t ≤ 2 min de l'ajout du borohydrure de sodium). Comme nous l'avons indiqué, cela n'est pas le cas des certains autres métaux (Mn, Fe, Co, etc.).

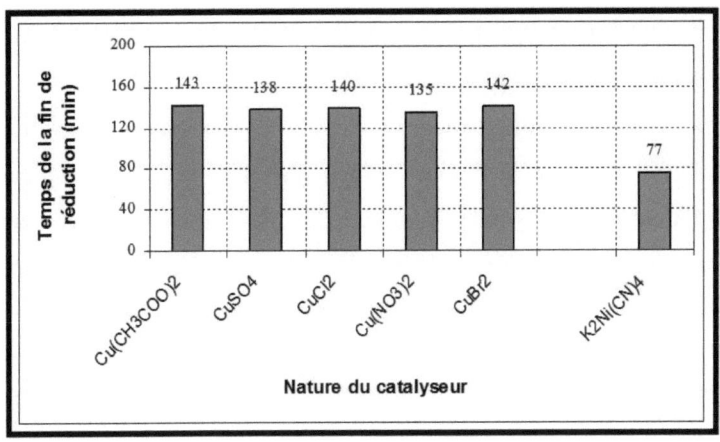

**Figure.IV.13:** *Variation du temps de la fin de réduction en fonction de la nature de l'anion de catalyseur*

## 4.2- INFLUENCE DE L'ANION DU CATALYSEUR SUR LE pH DU MILIEU REACTIONNEL

### 4.2.1- INFLUENCE DE L'AJOUT DES CATALYSEURS A BASE DE CUIVRE SUR LE pH INITIAL DU MILIEU RÉACTIONNEL

Pour les différents catalyseurs cuivriques étudiés, nous avons investigué l'effet de leur ajout sur le pH initial du milieu réactionnel. Les résultats obtenus pour ces différents catalyseurs étudiés sont rapportés dans le *Tableau.IV.3*. Chaque valeur présentée dans ce tableau est une moyenne arithmétique calculée à partir des résultats pour deux essais. Dans ce tableau, il apparaît que tous ces catalyseurs cuivriques ont des comportements très voisins mais qui sont différents par rapport à celui de $K_2Ni(CN)_4$. En effet, à l'opposé de $K_2Ni(CN)_4$, l'ajout de ces sels de cuivre fait diminuer le pH initial du milieu réactionnel et cela pourrait être expliqué par le caractère acide de ces sels métalliques.

**4.2.2- INFLUENCE DE L'ANION DU CATALYSEUR SUR L'ÉVOLUTION DU pH**

Nous avons étudié également l'effet de la nature de l'anion du catalyseur à base de cuivre sur l'évolution de pH du milieu réactionnel après l'ajout du borohydrure de sodium. Tous les résultats de cette étude sont présentés dans la ***Figure.IV.14***. Cette figure présente la variation du pH au cours de la réaction pour les différents sels de cuivre étudiés.

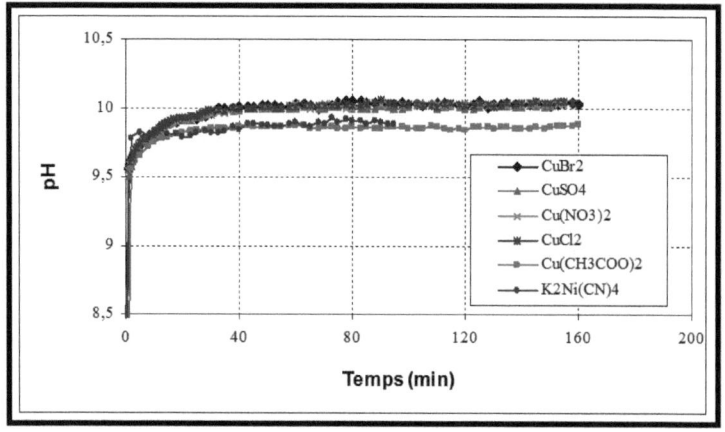

***Figure.IV.14:*** *Effet de la nature de l'anion du catalyseur sur l'évolution de pH du milieu réactionnel en fonction du temps*

Dans la ***Figure.IV.14***, nous remarquons que toutes les allures des courbes sont similaires quel que soit l'anion du catalyseur en cuivre utilisé. Dans tous les cas, la réaction de réduction se déroule à un pH basique et pratiquement constant durant toute la durée de celle-ci. Ce pH est de l'ordre de 9,9 comme c'était indiqué à la ***Figure.IV.15***. Néanmoins, dans les cas de $K_2Ni(CN)_4$ et de $Cu(CH_3COO)_2$, ce pH est légèrement inférieur à cette valeur (de l'ordre de 9,8).

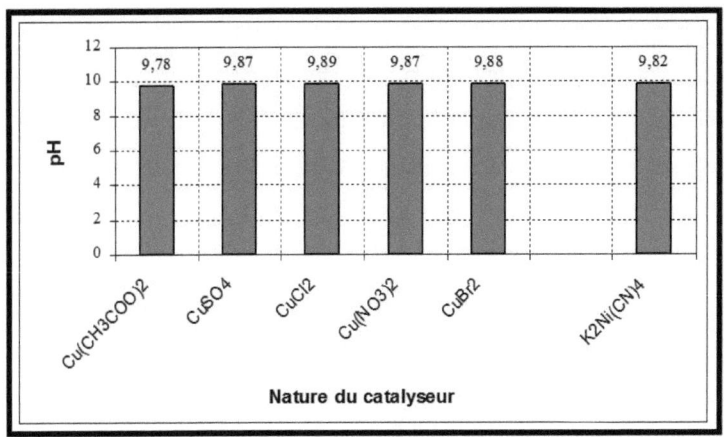

***Figure.IV.15:*** *Evolution de la valeur moyenne de pH du milieu réactionnel*
*en fonction de la nature de l'anion du catalyseur*

## 4.3- INFLUENCE DE L'ANION DU CATALYSEUR SUR LE RENDEMENT DE LA REACTION DE REDUCTION ET LA PERTE EN EAU

L'effet du changement de l'anion du catalyseur cuivrique sur le rendement de la réduction et sur l'ampleur de la réaction d'hydrolyse du borohydrure de sodium a aussi été investigué. Les résultants expérimentaux de cette étude ainsi que les incertitudes correspondantes sont rapportés dans la ***Figure.IV.16***. Dans cette figure, nous observons que les rendements de la réduction catalysés par les sels cuivriques peuvent être classés selon l'ordre suivant :

$$Cu(CH_3COO)_2 > CuSO_4 > CuCl_2 > Cu(NO_3)_2 > CuBr_2 \quad \textbf{\textit{(a)}}$$

En tenant compte des incertitudes calculées pour ces évaluations, nous pouvons considérer que les rendements occasionnés par le sulfate et le chlorure de cuivre sont similaires. De même pour les rendements occasionnés par le nitrate et le bromure de cuivre. L'ordre indiqué *(a)* correspond au classement des anions de différents sels de cuivre selon le concept d'acide-base/dur-mou de Pearson [52-54] :

$$CH_3COO^- > SO_4^{2-} > Cl^- > NO_3^- > Br^- \text{ (classement par dureté décroissante)}$$

Le cuivre est mentionné par Pearson [52-54] comme étant une espèce de dureté moyenne. Ainsi, son affinité envers les différents anions peut être considéré comme similaire. Par contre, les divers anions sont solvatés différemment. Cette solvatation décroit quand la dureté décroit. Donc, l'ordre de la solvatation est le même que celui de la dureté décroissante. Une solvatation plus forte de l'anion entraine une diminution des interactions entre l'anion et le cation. Ainsi, nous aurons une disponibilité plus grande de ce dernier. Cette disponibilité peut expliquée une activité catalytique plus grande. Cette activité catalytique peut même dépasser celle du catalyseur initialement utilisé $K_2Ni(CN)_4$. C'est le cas du diacétate de cuivre. En effet, le rendement de la réduction en présence de $Cu(CH_3COO)_2$ est 47,17% alors qu'en présence de $K_2Ni(CN)_4$, le rendement de la réduction est 43,03%.

La *Figure.IV.16* nous montre aussi que compte tenu des erreurs d'évaluation, la perte du borohydrure hydrolysé est pratiquement la même quelle que soit le sel de cuivre utilisé. En effet, la perte en eau consommée essentiellement dans la réaction de l'hydrolyse du borohydrure de sodium est de l'ordre de 71 g. Cette perte est dans tous les cas supérieure à celle obtenue lorsque nous utilisons $K_2Ni(CN)_4$ comme catalyseur.

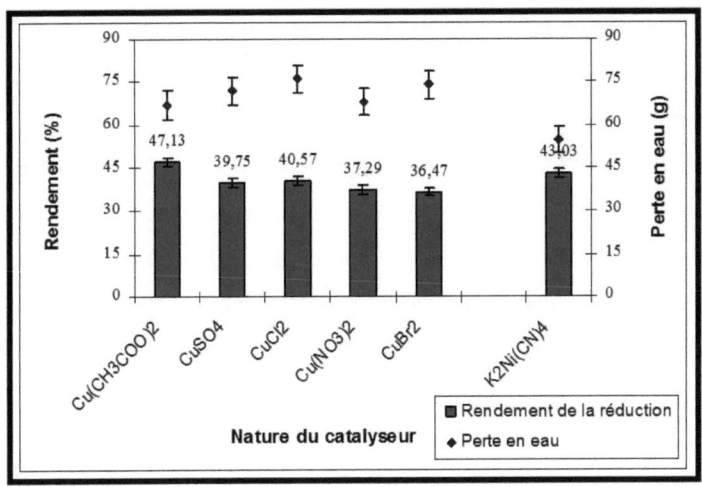

**Figure.IV.16:** *Effet de la nature de l'anion du catalyseur sur le rendement de la réaction de réduction et la perte en eau*

## 4.4- INFLUENCE DE L'ANION DU CATALYSEUR SUR LA QUALITE DE LA TEINTURE

### 4.4.1- INFLUENCE DE L'ANION DU CATALYSEUR SUR LE DEGRE D'ABSORPTION

Les milieux de réduction obtenus lors de l'étude du changement de l'anion du catalyseur cuivrique ont été utilisés comme bains de teinture des échantillons de coton. L'évaluation de la qualité de la teinture a été effectuée par la mesure du degré d'absorption *(K/S)* des échantillons teints à 660 nm. Les valeurs de *(K/S)* correspondant à chaque sel de cuivre sont illustrées dans la ***Figure.IV.17***. Chaque valeur présentée dans cette figure est une moyenne arithmétique calculée à partir des résultats pour deux essais.

235

Cette figure indique que le degré d'absorption *(K/S)* dépend essentiellement du rendement de la réduction. Plus ce rendement est élevé, plus le degré d'absorption est important. La plus grande valeur du degré d'absorption a été enregistrée pour le cas de $Cu(CH_3COO)_2$. En outre, nous remarquons dans la *Figure.IV.17* que les valeurs de *(K/S)* des autres sels cuivriques sont nettement supérieures à celui de $K_2Ni(CN)_4$ bien que certains de ces sels de cuivre aient donné des rendements de la réduction nettement inférieurs à celui du $K_2Ni(CN)_4$ (*Figure.IV.16*). Ceci nous permet de conclure que la réduction de l'indigo en présence d'un catalyseur cuivrique offre toujours des rendements tinctoriaux très intéressants.

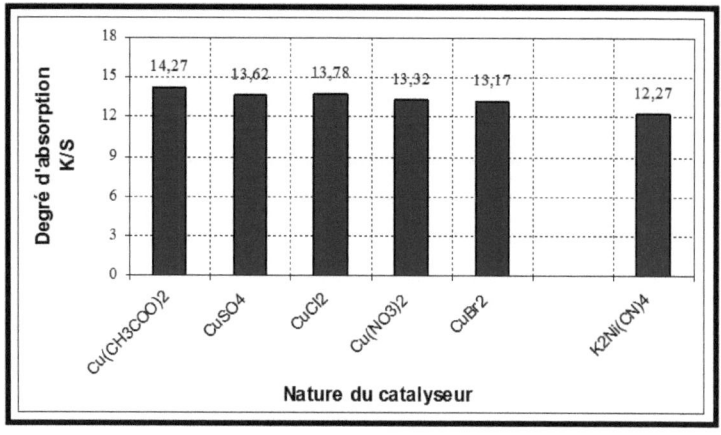

**Figure.IV.17:** *Effet de la nature de l'anion du catalyseur*
*sur le degré d'absorption (K/S)*

## 4.4.2- INFLUENCE DE L'ANION DU CATALYSEUR SUR LES PARAMETRES COLORIMETRIQUES *CIELAB (L\* a\* b\*)*

En plus du degré d'absorption, la qualité de la teinture a été aussi évaluée par la mesure des coordonnées colorimétriques *CIELAB (L\* a\* b\*)*

236

des échantillons teints. Les effets de la nature de l'anion des sels de cuivre sur les paramètres $L^*$, $a^*$ et $b^*$ sont rapportés respectivement dans les *Figures.IV.18, 19* et *20*. Chaque valeur affichée dans ces figures n'est qu'une moyenne arithmétique calculée à partir des résultats pour deux essais.

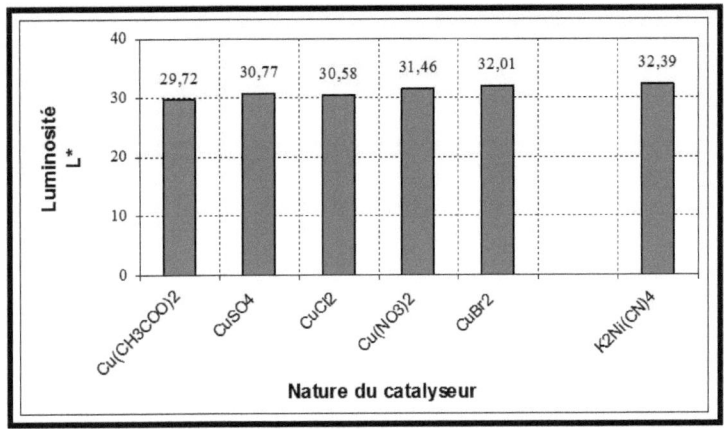

**Figure.IV.18:** *Variation de la luminosité $L^*$ en fonction de la nature de l'anion du catalyseur*

La *Figure.IV.18* présente l'effet de la nature de l'anion du catalyseur sur la luminosité $L^*$. Dans cette figure, nous remarquons que la luminosité dépend généralement du rendement de la réduction. La valeur de la luminosité est faible quand le rendement de réduction est élevé. La plus faible valeur du degré d'absorption a été enregistrée pour le cas de $Cu(CH_3COO)_2$.

Dans la *Figure.IV.18*, nous observons également que les autres sels cuivriques permettent d'avoir des luminosités $L^*$ inférieures à celle obtenue avec $K_2Ni(CN)_4$. Ceci confirme bien les résultats trouvés lors de l'étude précédente sur l'effet du degré d'absorption.

La **Figure.IV.19** présente l'effet de la nature de l'anion de catalyseur sur le paramètre colorimétrique $a^*$. Cette figure révèle que la plus grande valeur de $a^*$ a été obtenue lorsque nous avons utilisé le diacétate de cuivre comme catalyseur pour la réduction de l'indigo par $NaBH_4$. Il apparaît donc que le paramètre colorimétrique $a^*$ dépend de la nature de l'anion du sel de cuivre utilisé.

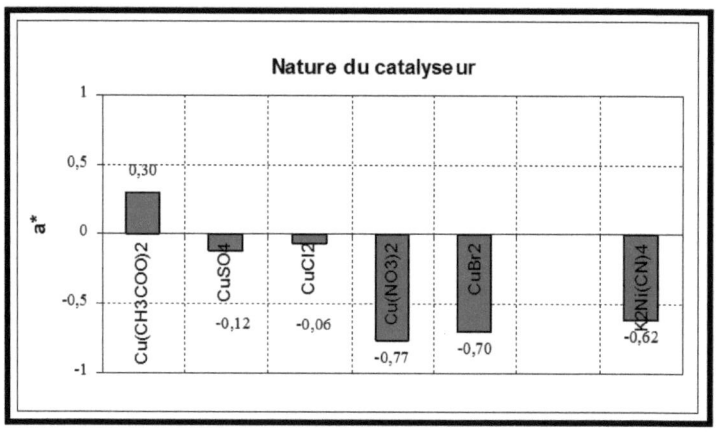

**Figure.IV.19:** *Variation du paramètre a\* en fonction de la nature de l'anion du catalyseur*

La **Figure.IV.20** présente l'effet de la nature de l'anion de catalyseur sur le paramètre colorimétrique $b^*$. Dans cette figure, il apparaît que la nature de l'anion de catalyseur n'a aucune influence sur le paramètre $b^*$. Ce dernier a pratiquement la même valeur pour tous les catalyseurs de cuivre.

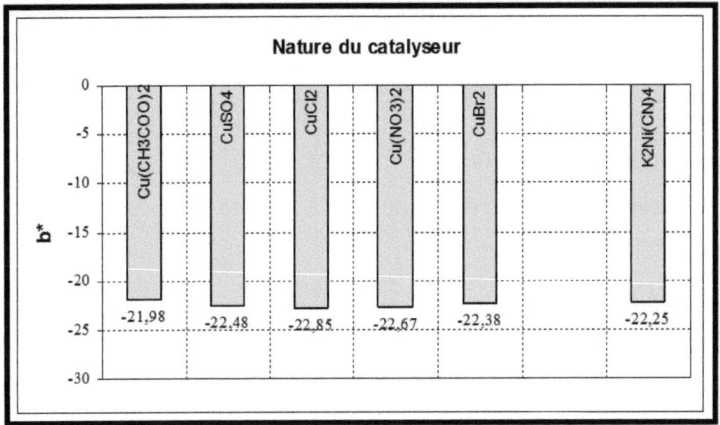

*Figure.IV.20:* *Variation du paramètre b\* en fonction de*
*la nature de l'anion du catalyseur*

## 5- OPTIMISATION DE LA QUANTITE DE REDUCTEUR

Dans les deux études expérimentales précédentes, nous avons trouvé que le diacétate de cuivre est le meilleur catalyseur que nous pouvons employer pour la réduction de l'indigo par le borohydrure de sodium. En effet, ce catalyseur nous a permis d'obtenir non seulement le meilleur rendement de la réduction mais aussi la meilleure qualité de teinture. Dans cette partie, nous allons essayer d'utiliser ce catalyseur et faire varier la quantité du borohydrure de sodium dans le milieu réactionnel. Le taux de réducteur dans le bain constitue toujours un paramètre très important tant du point de vue technique qu'économique. Cette nouvelle étude expérimentale nous permettra donc d'optimiser la quantité offrant les meilleurs résultats de réduction et de teinture. Il est intéressant de signaler que le borohydrure de sodium utilisé dans cette étude est celui fourni par « Acros organics ».

Les conditions opératoires dans lesquelles cette étude a été élaborée
sont :

☞ La température                               : 55°C

☞ Le catalyseur utilisé                      : $Cu(CH_3COO)_2$

☞ La quantité de catalyseur          : $1{,}41 \times 10^{-5}$ mol.$l^{-1}$

☞ **La quantité du borohydrure de**    **: Variable**
**sodium**

☞ La quantité d'indigo                      : 0,34 g

☞ La quantité de soude caustique    : 0 g

☞ Le volume total du milieu         : 170 ml
réactionnel

## 5.1- INFLUENCE DE LA VARIATION DU TAUX DE REDUCTEUR SUR LE POTENTIEL REDOX DU MILIEU REACTIONNEL

Nous avons fait varier la quantité du borohydrure de sodium dans le milieu réactionnel entre 0 et 100% (par rapport à la masse d'indigo) et nous avons étudié l'effet de cette variation sur le potentiel redox du milieu réactionnel. Les résultats expérimentaux de cette étude sont rapportés dans la *Figure.IV.21* sur laquelle nous pouvons remarquer que toutes les courbes obtenues pour chaque taux de réducteur possèdent la même allure. Ces courbes sont constituées de trois phases. Nous observons une première phase dans laquelle le potentiel redox du milieu réactionnel augmente assez rapidement. Ensuite, au cours de la deuxième phase, le potentiel redox augmente très lentement. Dans la dernière phase, le potentiel redox du milieu réactionnel tend à reprendre une augmentation assez rapide. Le moment où le potentiel redox commence cette troisième phase a été supposé et noté comme étant le temps de la fin de réduction.

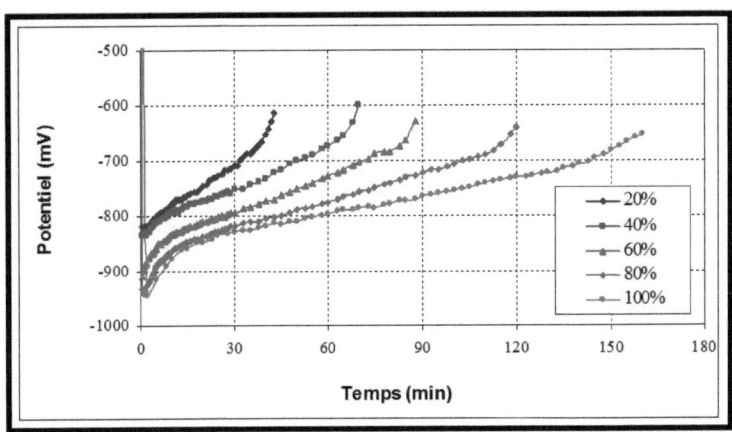

**Figure.IV.21:** *Effet de la variation du taux de réducteur sur l'évolution du potentiel redox du milieu réactionnel en fonction de temps*

Dans la **Figure.IV.21**, nous observons aussi que plus le taux de réducteur augmente dans le milieu réactionnel, plus la valeur du potentiel redox du milieu réactionnel devient très négative. Ceci est en accord avec les résultats précédents obtenus dans **le chapitre III « 4.1- »** (page 159) et les résultats de Nair [39].

La **Figure.IV.22** présente l'effet de la variation du temps de la fin de réduction en fonction du taux du borohydrure de sodium. Dans cette figure, nous remarquons que l'augmentation de la quantité de l'agent réducteur dans le milieu réactionnel provoque une augmentation du temps de la fin de réduction (le temps nécessaire à la consommation de toute la quantité du borohydrure de sodium dans le milieu réactionnel). Ceci est aussi en accord avec les résultats précédents obtenus dans **le chapitre III « 4.1- »** (pages 159 et 160) concernant l'étude de l'effet de la variation du taux de réducteur.

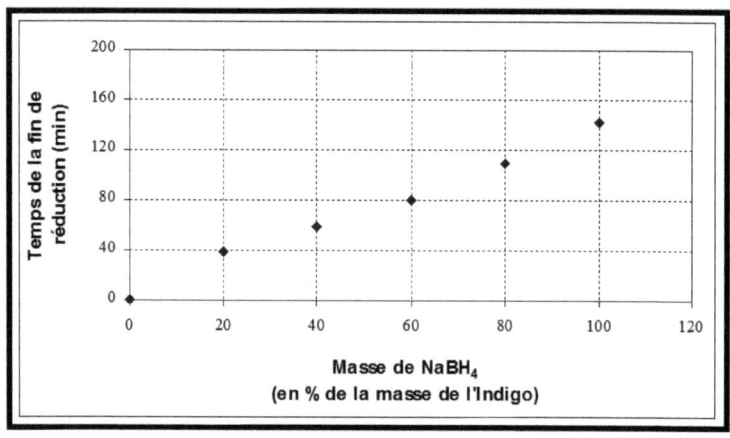

*Figure.IV.22:* Variation du temps de la fin de réduction
en fonction du taux de réducteur

## 5.2- INFLUENCE DE LA VARIATION DU TAUX DE REDUCTEUR SUR LE pH DU MILIEU REACTIONNEL

L'effet du taux de l'agent réducteur sur l'évolution de pH du milieu réactionnel a été aussi étudié. Les résultats de cette étude sont représentés dans la *Figure.IV.23*. Cette figure illustre la variation du pH au cours de la réaction pour différents taux de réducteur. Il apparaît dans la *Figure.IV.23* que pour chaque quantité du borohydrure de sodium introduit dans le milieu, le pH reste quasi constant ou varie faiblement au cours de l'évolution de la réaction de réduction.

Nous remarquons aussi dans cette figure que l'augmentation de la quantité de l'agent réducteur dans le milieu réactionnel provoque une augmentation de pH du milieu de la réduction. L'évolution de la valeur moyenne de pH du milieu réactionnel en fonction du taux du borohydrure de sodium est illustrée dans la **Figure.IV.24** qui révèle que lorsque le taux de l'agent réducteur augmente, le pH augmente aussi.

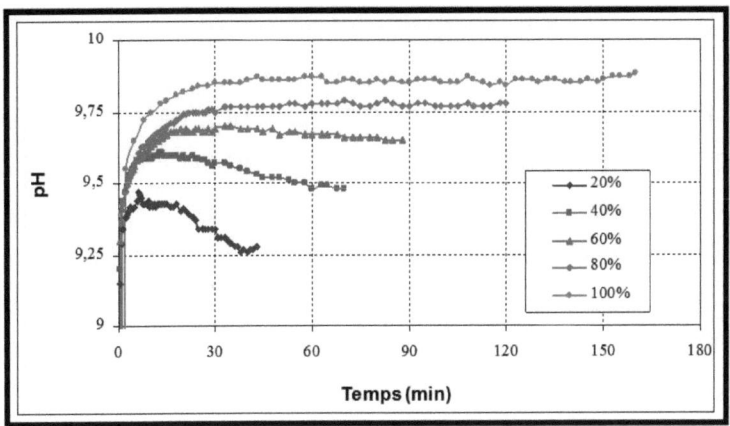

**Figure.IV.23:** *Effet de la variation du taux de réducteur sur l'évolution de pH du milieu réactionnel en fonction du temps*

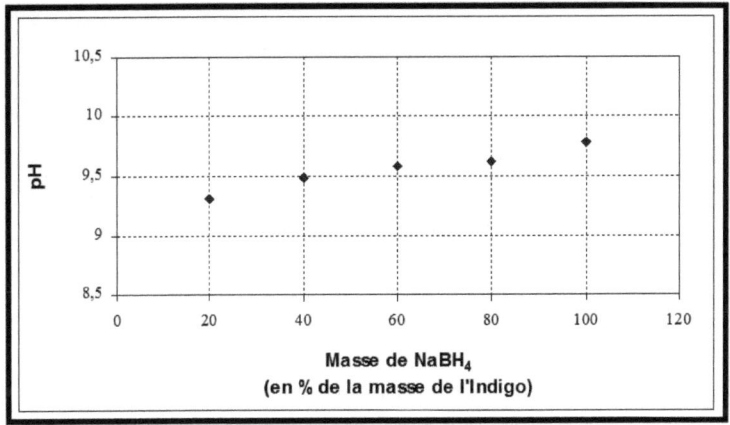

**Figure.IV.24:** *Evolution de la valeur moyenne de pH du milieu réactionnel en fonction du taux de réducteur*

Ceci pourrait être expliqué par le caractère basique du borohydrure de sodium observé dans la ***Figure.II.4*** du **chapitre II** « **4.2-** » (page 117). Ce même résultat est en accord avec les résultats trouvés dans **le chapitre III** « **4.2-** » (pages 160 et 161).

## 5.3- INFLUENCE DE LA VARIATION DU TAUX DE REDUCTEUR SUR LE RENDEMENT DE LA REACTION DE REDUCTION ET LA PERTE EN EAU

L'effet de la variation du taux du borohydrure de sodium entre 0 et 100% (par rapport à la masse d'indigo) sur le rendement de la réduction et sur la réaction d'hydrolyse du borohydrure de sodium a été aussi investigué. Tous les résultats expérimentaux de cette étude ainsi que les incertitudes correspondantes sont rapportés dans la ***Figure.IV.25***. D'après cette étude, nous pouvons dire que ces résultats sont très proches de ceux obtenus dans **le chapitre III** « **4.3-** » (page 162).

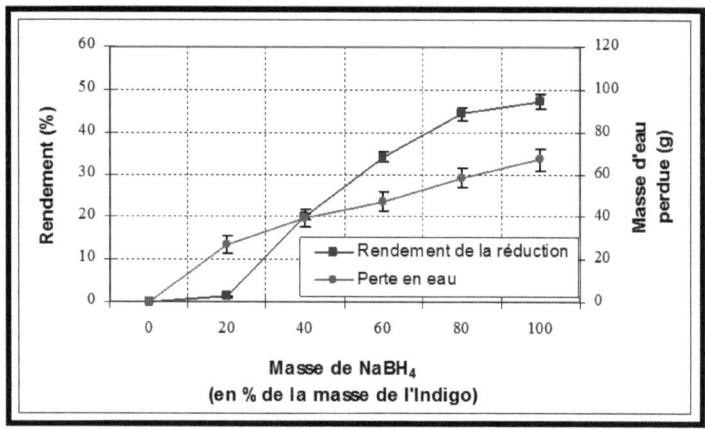

***Figure.IV.25:*** *Effet de la variation du taux de réducteur sur le rendement de la réaction de réduction et la perte en eau*

244

La *Figure.IV.25* montre que la courbe représentant l'évolution du rendement de la réduction est constituée de deux parties. La première partie a une allure croissante passant de  0 à 80% (par rapport à la masse d'indigo) et nous y enregistrons une augmentation très rapide du rendement de la réduction qui atteint finalement une valeur de 44,25% pour une quantité de 80% du borohydrure de sodium. La deuxième partie de cette courbe commence à partir de 80% et Cette partie présente une relative stabilité du rendement de la réduction quand le taux de l'agent réducteur augmente dans le réacteur.

D'autre part, nous remarquons dans la *Figure.IV.25* que l'augmentation du taux de réducteur cause une augmentation progressive de la réaction d'hydrolyse du borohydrure de sodium indiquée par la masse d'eau perdue. Nous pouvons y voir aussi que la courbe d'hydrolyse est au dessus de celle du rendement de la réduction pour des taux faibles en borohydrure de sodium (taux du borohydrure de sodium < environ 40%).

Toutefois, pour des taux du borohydrure de sodium supérieurs à 40%, c'est la courbe du rendement de la réduction qui devient au dessus de celle de la réaction d'hydrolyse. Ces observations nous permettent de conclure que le taux optimal du borohydrure de sodium qui correspond à un rendement maximal en leuco-indigo avec une perte d'eau relativement faible due essentiellement à l'hydrolyse est de 80% (pourcentage par rapport à la masse d'indigo).

## 5.4- INFLUENCE DE LA VARIATION DU TAUX DE REDUCTEUR SUR LA QUALITE DE LA TEINTURE

### 5.4.1- INFLUENCE DE LA VARIATION DU TAUX DE REDUCTEUR SUR LE DEGRE D'ABSORPTION

Nous avons teint des échantillons de tissu en coton dans les bains obtenus après la réduction de l'indigo avec différents taux du borohydrure de sodium. La qualité de teinture a été appréciée par la mesure du degré d'absorption *(K/S)* des tissus teints à la longueur d'onde 660 nm. La *Figure.IV.26* présente l'évolution du degré d'absorption en fonction du taux de borohydrure de sodium introduit et nous y remarquons par ailleurs que la courbe représentant l'évolution du degré d'absorption en fonction du taux de réducteur est essentiellement composée de deux parties.

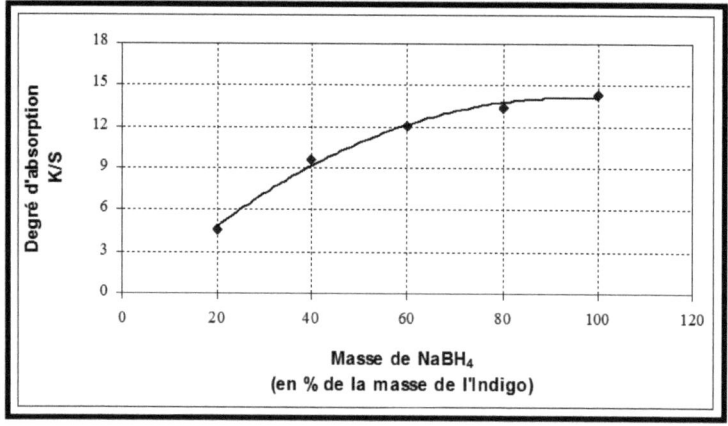

***Figure.IV.26:*** *Effet de la variation du taux de réducteur sur le degré d'absorption*

Dans la première partie, nous observons un saut très rapide du degré d'absorption *(K/S)* quand le taux du borohydrure de sodium passe de 20 à

80% (par rapport à la masse d'indigo). Ceci pourrait être expliqué par l'augmentation du rendement de la réduction dans cet intervalle (*Figure.IV.25*). Lorsque le taux de l'agent réducteur est supérieur à 80%, le degré d'absorption *(K/S)* demeure relativement constant. Ceci est dû également au rendement de la réduction qui reste relativement stable quand la quantité de l'agent réducteur dépasse 80% (par rapport à la masse d'indigo). Tous les résultats obtenus ici sont très proches de ceux trouvés dans **le chapitre III « 4.4.1- »** (page 164).

## 5.4.2- INFLUENCE DE LA VARIATION DU TAUX DE REDUCTEUR SUR LES PARAMETRES COLORIMETRIQUES *CIELAB (L\* a\* b\*)*

La qualité de teinture a été aussi évaluée par la mesure des coordonnées colorimétriques *CIELAB (L\* a\* b\*)* des échantillons teints. Les effets de la quantité du borohydrure de sodium sur les paramètres $L^*$, $a^*$ et $b^*$ sont respectivement rapportés dans les *Figures.IV.27, 28* et *29*.

La *Figure.IV.27* présente l'effet du taux de l'agent réducteur sur la luminosité $L^*$. Sur cette figure, nous pouvons observer que la courbe rapportant l'évolution de la luminosité $L^*$ se compose de deux parties. Dans la première partie, la courbe révèle une chute très rapide de la luminosité quand le taux du borohydrure de sodium passe de 20 à 80%. Cette chute est probablement due à l'augmentation de la concentration de leuco-indigo dans le bain et à l'augmentation du pH du milieu réactionnel (respectivement les *Figures.IV.25* et *24.*). Ceci permet en effet aux fibres d'absorber plus de colorant. Donc, la nuance de teinture devient de plus en plus foncée et par suite la luminosité $L^*$ diminue. De l'autre coté, lorsque le taux du borohydrure de sodium passe au delà de 80%, la luminosité $L^*$ reste pratiquement stable. Cette quasi stabilité pourrait être expliquée par la stabilité relative de la concentration de leuco-indigo dans le milieu réactionnel pour des taux de borohydrure de sodium supérieurs à 80% (par rapport à la masse d'indigo) (*Figure.IV.25*).

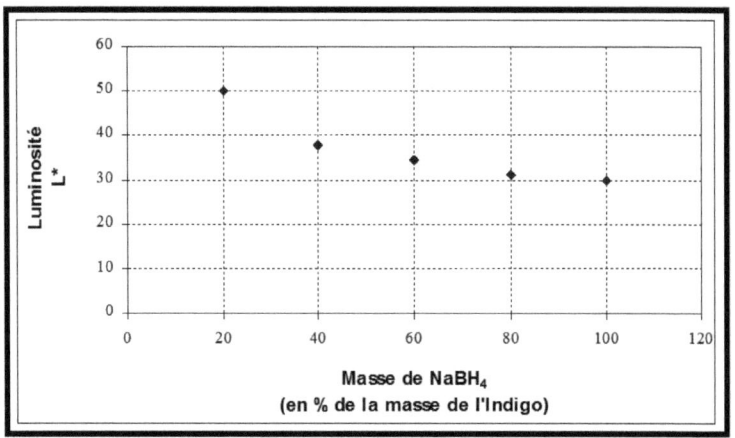

*Figure.IV.27:* Effet de la variation du taux de réducteur sur la luminosité L*

L'évolution de la coordonnée colorimétrique *CILAB a\** en fonction du taux de réducteur est représentée dans la *Figure.IV.28* qui révèle aussi une courbe à deux parties. La première est un saut de paramètre *a\** quand le taux du borohydrure de sodium varie de 25 à 100% (par rapport à la masse d'indigo). Il apparaît ici que la variation de la quantité de borohydrure affecte considérablement la nuance de teinture. L'augmentation considérable de la valeur du paramètre colorimétrique *a\** indique qu'il y a un virage très fort de la nuance vers la couleur rouge. La deuxième partie est située au delà de 100% du borohydrure de sodium. Dans cet intervalle, la valeur du paramètre colorimétrique reste constante à l'instar du degré d'absorption *(K/S)*. Ces constatations indiquent bien que l'évolution du paramètre $a*$ est liée à l'évolution de la concentration de leuco-indigo dans le milieu réactionnel (c'est à dire le rendement de la réduction).

Toutefois, la coordonnée colorimétrique $b*$ dévoile un comportement différent des autres paramètres colorimétriques précédents. La **Figure.IV.29** rapporte l'évolution de ce paramètre en fonction du taux de réducteur. Dans cette figure, nous observons que l'augmentation de la quantité du borohydrure de sodium n'a pas une influence significative sur le paramètre $b*$. La valeur de ce dernier demeure relativement constante quelle que soit la quantité de l'agent réducteur mise dans le réacteur.

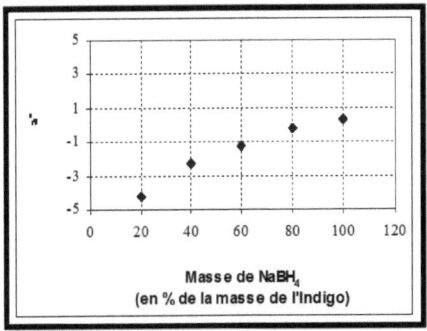
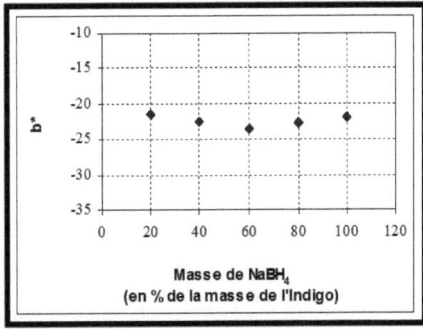

*Figure.IV.28: Variation du paramètre a\* en fonction du taux de réducteur*

*Figure.IV.29: Variation du paramètre b\* en fonction du taux de réducteur*

## 6- CONCLUSION

Le catalyseur utilisé pour la réduction de l'indigo par le borohydrure de sodium est le $K_2Ni(CN)_4$. Bien que son taux dans la réaction de réduction soit faible, son emploi pourrait poser quelques inconvénients écologiques, sanitaires et économiques. Nous avons essayé dans ce chapitre de chercher un catalyseur plus convenable pour cette réduction et qui résout au mieux ces problèmes. Pour ce faire nous avons procédé selon les étapes suivantes:

☞ Etudier la nature du cation du catalyseur en fixant l'anion (le chlorure Cl⁻) et faire changer la nature de cation. Cette étude de l'effet de la nature de cation sur les performances de la réduction de l'indigo par le borohydrure de sodium a montré que le meilleur cation employé est le cuivre.

☞ La deuxième étape consiste à étudier cette fois-ci la nature de l'anion de catalyseur. Pour cela, nous avons fixé le cation (le cuivre) et nous avons fait changer son anion. Cette étude a montré que le diacétate permet de fournir le rendement maximal de la réduction de l'indigo par le borohydrure de sodium et la meilleure qualité de teinture.

☞ Après avoir déterminé le meilleur catalyseur ($Cu(CH_3COO)_2$) pour la réduction de l'indigo par le borohydrure de sodium et pour des raisons techniques et économiques, nous avons cherché à optimiser relativement le taux de l'agent réducteur dans le nouveau milieu réactionnel. Cette étude a révélé que la variation du taux de $NaBH_4$ a des effets sur les paramètres chimiques et tinctoriaux en accord avec ceux obtenus dans **le chapitre III** où nous avons employé $K_2Ni(CN)_4$ comme catalyseur pour la réduction de l'indigo par le borohydrure de sodium. Le taux optimal du borohydrure de sodium qui nous a fourni les performances maximales de la réduction et la meilleure qualité de teinture est de 80% (pourcentage par rapport à la masse d'indigo).

# 7- MATERIELS & TECHNIQUES EXPERIMENTALES

## 7.1- PROTOCOLE OPERATOIRE DE LA REDUCTION DE L'INDIGO PAR LE BOROHYDRURE DE SODIUM

### 7.1.1- REACTIFS ET APPAREILLAGES

#### 7.1.1.1- Réactifs chimiques

**Borohydrure de sodium n°2:** Nous avons utilisé la deuxième qualité commerciale fournie par la société Acros Organics (Allemagne). Sa formule chimique est $NaBH_4$ et sa pureté est 99%.

**Indigo :** C'est le colorant utilisé (C.I. Vat Blue1). Il est fourni par la société Bezema (Suisse) sous forme de poudre. Sa formule chimique est $C_{16}H_{10}O_2N_2$. Il est d'une qualité technique.

#### 7.1.1.2- Catalyseurs utilisés

**Nickelate cyanure de potassium :** C'est le catalyseur utilisé pour activer l'action du réducteur. Nous l'avons synthétisé selon la méthode de synthèse indiquée en « Inorganic Synthesis » [13] (page 122) et purifié selon la technique décrite dans **le chapitre II** « *6.1.2.3-* » (pages 122 et 123).

**Chlorure de calcium (hydraté deux fois) :** Il est fourni par la société PS Park (Grande Bretagne). Sa formule chimique est $CaCl_2.2H_2O$. Sa pureté est au minimum 98%.

**Chlorure de manganèse (hydraté quatre fois) :** Il est fourni par la société Riede-deHaen (Allemagne). Sa formule chimique est $MnCl_2.4H_2O$. Sa pureté est au minimum 99%.

**Chlorure de fer III :** Il est fourni par la société Riede-deHaen (Allemagne). Sa formule chimique est $FeCl_3$. Sa pureté est au minimum 99%.

**Chlorure de cobalt (hydraté six fois) :** Il est fourni par la société Fluka (Allemagne). Sa formule chimique est $CoCl_2.6H_2O$. Sa pureté est 99%.

**Chlorure de nickel (hydraté six fois) :** Il est fourni par la société Fluka (Allemagne). Sa formule chimique est $NiCl_2.6H_2O$. Sa pureté est au minimum 98%.

**Chlorure de zinc :** Il est fourni par la société Aldrich (Allemagne). Sa formule chimique est $ZnCl_2$. Sa pureté est 99%.

**Chlorure de cuivre (hydraté deux fois) :** Il est fourni par la société Acros Organics (Allemagne). Sa formule chimique est $CuCl_2.2H_2O$. Sa pureté est 95%.

**Sulfate de cuivre (hydraté cinq fois) :** Il est fourni par la société Fluka (Allemagne). Sa formule chimique est $CuSO_4.5H_2O$. Sa pureté est 99%.

**Nitrate de cuivre (hydraté trois fois) :** Il est fourni par la société Panreac Quimica SA (Espagne). Sa formule chimique est $Cu(NO_3)_2.3H_2O$. Sa pureté est 98%.

**Bromure de cuivre :** Il est fourni par la société Fluka (Allemagne). Sa formule chimique est $CuBr_2$. Sa pureté est 99%.

**Diacétate de cuivre (hydraté une fois) :** Il est fourni par la société Riede-deHaen (Allemagne). Sa formule chimique est $Cu(CH_3COO)_2.H_2O$. Sa pureté est 99%.

### 7.1.1.3- Matériels

**Potentiomètre :** Les mesures du potentiel redox dans le réacteur chimique ont été faites avec un potentiomètre type Metrohm pH-meter 744 (Suisse) équipé d'une électrode en platine et une électrode de référence (Ag/AgCl, 3M KCl).

**pH-Mètre :** Les mesures du pH dans le réacteur chimique ont été faites avec un pH-mètre type Knick pH-Meter 765 Calimatic (Allemagne).

**7.1.2- PROTOCOLE OPERATOIRE DE LA REDUCTION**

Le protocole opératoire de la réduction est identique à celui décrit en **chapitre II « 6.2.2. »** (*Figure.II.9*, pages 125 et 126).

## 7.2- EVALUATION DES PERFORMANCES DE LA REDUCTION DE L'INDIGO PAR LE BOROHYDRURE DE SODIUM

### 7.2.1- METHODE POTENTIOMETRIQUE DE DETERMINATION DU RENDEMENT DE LA REDUCTION

Les réactifs chimiques, les appareillages et le mode opératoire utilisés pour la détermination du rendement de la réduction sont les mêmes que ceux utilisés dans **le chapitre II** (pages 126 et 127).

### 7.2.2- METHODE COLORIMETRIQUE POUR L'EVALUATION TINCTORIALE

#### *7.2.2.1- Méthode de teinture*

##### *7.2.2.1.1- Matière textile*

La matière textile utilisée dans ces expérimentations est la même que celle décrite dans **le chapitre II** (page 128).

##### *7.2.2.1.2- Protocole opératoire de teinture*

Le protocole opératoire employé pour la teinture de la matière textile est le même que celui décrit dans **le chapitre II** (page 130).

#### *7.2.2.2- Méthode colorimétrique pour l'évaluation de la teinture*

La méthode colorimétrique et l'appareillage utilisés pour déterminer les coordonnées colorimétriques *CIELAB (L\* a\* b\*)* et le degré d'absorption *(K/S)* sont les mêmes que ceux décrits dans **le chapitre II** (page 130).

# REFERENCES BIBLIOGRAPHIQUES

[1]- C. Cao Xuan, et F. I. Sadov, *Tekst. Prom.*, 28(5), 100-104 (1968).

[2]- D. Goerring, *Melliand Textilber.*, 44(8), 839-843 (1963).

[3]- U. Baumgarte et U. Keuser, *Melliand Textilber*, 50(8), 943-951 (1969).

[4]- U. Baumgarte, *Melliand Textilber*, 51, 1332-1341 (1970).

[5]- Ventron Corp., Brit. Pat. 1,174,797 (1969).

[6]- H. I. Schlesinger, H. C. Brown, A. E. Finholt, J. R. Gilbreath, H. R. Hoekstra et E. K. Hyde, J. Amer. Chem. Soc., 75(1), 215-219 (1953).

[7]- N. N. Mal'tseva, Z. K. Sterlyadkina et V. I. Mikheeva. *Dokl. Akad. Nauk SSSR*, 160(2), 352-354 (1965).

[8]- A. Levy, J. B. Brown, et C. J. Lyons, *Ind. Eng. Chem.*, 52, 211 (1956).

[9]- C. M. Kaufman et B. Sen, *J. Chem. Soc. Dalton Trans.*, 307 (1985).

[10]- S. C. Amendola, P. Onnerud, M. T. Kelly, P. J. Petillo, S. L. Sharp-Goldman, et M. Binder, *J. Power Source,* 85, 186 (2000).

[11]- S. C. Amendola, J. M. Janjua, N. C. Spencer, M. T. Kelly, P. J. Petillo, S. L. Sharp-Goldman, et M. Binder, *Int. J. Hydrogen Energy*, 25, 969 (2000).

[12]- S. Suda, Y. M. Sun, B. H. Liu, Y. Zhou, S. Morimitsu, K. Aral, N. Taskamoto, M. Uchida, Y. Caudra et Z. P. Li, *Appl. Phys.*, A 72, 209 (2001).

[13]- Y. Kojima, K. I. Suzuki, K. Fukumoto, M. Sakai, T. Yamamoto, Y. Kawai et H. Ayashi, *Int. J. Hydrogen Energy*, 27, 1029 (2002).

[14]- D. Hua, Y. Hanxi, A. Xinping et C. Chuansin, *Int. J. Hydrogen Energy*, 28, 1095 (2003).

[15]- J. H. Kim, H. Lee, S. C. Han, H. S. Kim, M. S. Song et J. Y. Lee, *Int. J. Hydrogen Energy*, 29, 263-267 (2004).

[16]- M. Periasamy et M. Thirumalaikumar, *J. Organometallic Chem.*, 609, 137-151 (2000).

[17]- C. S. Sell, *Aust. J. Chem.*, 28, 1383 (1975).

[18]- N. M. Yoon et J. S. Cha, *J. Korean Chem. Soc.*, 21, 108 (1977).

[19]- H. C. Brown et S. Krishnamurthy, *Tetrahedron*, 35, 567-607 (1979).

[20]- H. Fujii, K. Oshima et K. Utimoto, *Chem. Lett.*, 1847 (1979).

[21]- H. C. Brown, et B. C. Subba Rao, *J. Am. Chem. Soc.*, 78, 2582 (1956).

[22]- S. Itsuno, Y. Sakurai et K. Ito, *Synthesis*, 995 (1988).

[23]- A. Ono et H. Hayakawa, *Chem. Lett.*, 853 (1987).

[24]- G. W. Gribble et D. C. Ferguson, *J. Chem. Soc. Chem. Commun.*, 535 (1975).

[25]- E. Marcantoni, S. Alessandrini, M. Malavolta, G. Bartoli, M. C. Bellucci, L. Sambri et R. Dalpozzo, *J. Org. Chem.*, 64, 1986 (1999).

[26]- V. Nair et J. Prabhakaran, *J. Chem. Soc. Perkin Trans. 1*, 593 (1996).

[27]- T. Yamakawa, M Masaki et H. Nohira, *Bull. Chem. Soc. Jpn.*, 64, 2730 (1991).

[28]- H. Fujii, K. Oshima et K. Utimoto, *Tetrahedron Lett.*, 32, 6147 (1991).

[29]- T. Satoh, N. Mitsuo, M. Nishiki, K. Nanba et S. Suzuki, *Chem. Lett.*, 1029 (1981).

[30]- J. L. Luche, *J. Am. Chem. Soc.*, 100, 2226 (1978).

[31]- J. L. Luche et A. L. Gemal, *J. Am. Chem. Soc.*, 101, 5848 (1979).

[32]- J. L. Luche et A. L. Gemal, *J. Am. Chem. Soc.*, 103, 5454 (1981).

[33]- S. Yoo et S. Lee, *Synletters*, 419 (1990).

[34]- H. S. P. Rao et P. Siva, *Synth. Commun.*, 24, 549 (1994).

[35]- C. F. Lane, *Chem. Rev.*, 76, 773 (1976).

[36]- T. Satoh, S. Suzuki. Y. Suzuki, Y. Miyaji et Z. Imai, *Tetrahedron Lett.*, 10, 4555 (1969).

[37]- H. S. P. Rao, *Synth. Commun.*, 20, 45 (1990).

[38]- H. S. P. Rao, K. Subba Reddy, T. Turnbull et V. Borchers, *Synth. Commun.*, 22, 1339 (1992).

[39]- G. P. Nair et R. C. Shah, *Tex. Res. J.*, 40, 303-312 (1970).

[40]- J. T. Langland et M. M. Kreevoy, *Tex. Res. J.*, 45, 532 (1975).

[41]- M. M. Kreevoy et R. W. Taft, *J. Am. Chem. Soc.*, 79, 4016 (1957).

[42]- R. C. Weast, « Handbook of Chemistry and Physics », p. D-141; D-142; D-143, CRC Press Inc, Ohio, 58$^{th}$ Edition (1977-1978).

[43]- T. Bechtold, E. Burtscher, D. Gmeiner et O. Bobleter, *Tex. Res. J.*, 67(9), 638 (1997).

[44]- H. L. Johnston et N. C. Hallet, *J. Am. Chem. Soc.*, 75, 1467 (1953).

[45]- H. Irving et R. J. P. Williams, *J. Chem. Soc.*, 3192 (1953).

[46]- A. Ringbom, « Complexation in Analytical Chemistry », p. 6-9, Robert E. Krieger Publishing Company, New York (1979).

[47]- R. C. Weast, « Handbook of Chemistry and Physics », p. F-213; F-214, CRC Press Inc, Ohio, 58$^{th}$ Edition (1977-1978).

[48]- R. C. Weast, « Handbook of Chemistry and Physics », p. E-68, CRC Press Inc, Ohio, 58$^{th}$ Edition (1977-1978).

[49]- P. Kubelka et F. Munck, *Z. Techn. Phys.*, 12, 593-601 (1931).

[50]- J. N. Etters, *Amer. Dyes. Rep.*, 81(3), 17 (1992).

[51]- J. N. Etters, *Amer. Dyes. Rep.*, 83(6), 26 (1994).

[52]- R. G. Pearson, *J. Am. Chem. Soc.*, 85, 3533-3539 (1963).

[53]- R. G. Pearson, *J. Chem. Educ.*, 45, 581-587 (1968).

[54]- A. Ringbom, « Chemical Hardness: Applications from Molecules to solids », Wiley-VCH, New York (1997).

[55]- W. C. Fermeliusn, « Inorganic Synthesis », Vol II, p. 227-228, Rober
E. Krieger Publishing Company, New York (1978).

# CONCLUSIONS & PERSPECTIVES

# CONCLUSIONS & PERSPECTIVES

Au cours de ce travail, nous avons étudié la réaction de réduction de l'indigo par le borohydrure de sodium. Nous avons mis au point deux techniques d'évaluation des performances de cette réaction : une technique du dosage potentiométrique de la forme réduite de l'indigo (forme leuco-indigo) ainsi qu'une technique d'évaluation tinctoriale.

Une réaction secondaire concurrente de la réaction de réduction de l'indigo par le borohydrure de sodium a été identifiée. C'est la réaction d'hydrolyse du borohydrure de sodium. Nous avons également étudié l'effet de plusieurs paramètres aussi bien sur la réaction principale que sur la réaction d'hydrolyse.

☞ L'étude de l'effet de la température a montré que l'augmentation de ce paramètre permet d'augmenter la vitesse de la réaction de réduction ainsi que celle de l'hydrolyse du borohydrure de sodium. Le rendement maximal de la réduction a été obtenu à 55°C. Par contre, le rendement maximal de teinture a été enregistré à 40°C.

☞ L'étude de l'effet du taux du catalyseur a révélé que l'augmentation du taux du nickelate cyanure de potassium (le catalyseur initial) dans le bain permet d'accélérer la réaction de réduction tout en diminuant l'intensité de l'hydrolyse du borohydrure de sodium. Le rendement maximal de la réduction a été obtenu pour 1% de ce catalyseur (pourcentage par rapport à la masse d'indigo). Toutefois, le rendement maximal de teinture a été enregistré pour 0,75% du catalyseur.

☞ L'étude de l'effet du taux du borohydrure de sodium a montré que l'augmentation de ce taux dans le milieu réactionnel entraine une augmentation du pH, une diminution du potentiel redox et une augmentation du taux de l'hydrolyse de l'agent réducteur. Le taux optimal du réducteur permettant d'obtenir les meilleurs rendements pour la réduction et pour la teinture a été obtenu pour une valeur de 100% (pourcentage par rapport à la masse d'indigo).

☞ L'étude de l'effet du taux d'indigo a révélé que l'augmentation de la quantité d'indigo entraine une diminution du pH du milieu réactionnel, du temps de la réduction et du taux d'hydrolyse du borohydrure de sodium. Le taux optimal d'indigo permettant d'obtenir les meilleurs rendements pour la réduction et pour la teinture est 132,35% (pourcentage par rapport à la masse du borohydrure de sodium).

☞ L'étude de l'effet du taux de soude a montré que l'augmentation de celui-ci entraine une augmentation du temps de la réduction et la réaction d'hydrolyse du borohydrure de sodium. Malgré cela le rendement de la réduction et de la teinture augmente jusqu'à un taux de soude égal à 5% (pourcentage par rapport à la masse d'indigo). Au delà de 5%, ces rendements se stabilisent pratiquement et l'hydrolyse du borohydrure de sodium devient très importante.

☞ L'étude des effets des cations et des anions constituant le sel utilisé comme catalyseur dans la réaction de réduction de l'indigo par le borohydrure de sodium a montré que le diacétate de cuivre est le catalyseur qui permet d'obtenir les meilleurs résultats : un rendement maximal de réduction et une bonne qualité de teinture. En faisant varier le taux de l'agent réducteur dans la réduction de l'indigo par le borohydrure de sodium en présence de ce catalyseur, nous avons constaté que le taux optimal est égal à 80% (pourcentage par rapport à la masse d'indigo).

Dans les conditions opératoires étudiées, nous avons constaté que le meilleur rendement tinctorial obtenu pour le procédé de teinture au borohydrure est inférieur à celui trouvé avec le procédé classique au dithionite. En effet, le meilleur degré d'absorption obtenu pour le procédé de teinture au borohydrure est $K/S = 15,04$ alors que dans le cas de la teinture au dithionite, le degré d'absorption optimal est $K/S = 21,8^*$. Malgré cela, le procédé de teinture au borohydrure offre sans doute plusieurs avantages techniques (Facilité de stockage de borohydrure, facilité de contrôle de procédé et moins des problèmes de surréduction) et écologiques (Rejets hydriques à pH non élevés et exemptes de sulfates et sulfites).

De plus, les performances réelles du procédé au borohydrure ne peuvent être approchées d'une manière réaliste qu'après la réalisation des travaux suivants :

1- La conception d'une unité pilote pouvant mettre en œuvre le procédé étudié.

2- L'optimisation entre autres des divers paramètres de la réaction de réduction ainsi que le coût de production.

3- L'étude de la qualité des produits textiles teints par ce procédé (solidités des teintures, performances mécaniques des produits textiles, etc.).

---

[*] R. B. Chavan et J. N. Chakraborty, *Color. Technol.*, 117, 88-94 (2001).

Printed by Books on Demand GmbH, Norderstedt / Germany